天下文化
BELIEVE IN READING

Error-Free®

零錯誤

全球頂尖企業
都採用的科技策略

全球危機處理權威
邱強 著

燕珍宜、陳銘銘 採訪整理

目錄

Part 1 什麼是零錯誤？

Part 2

人類天生就會犯錯

Part 3

零錯誤管理

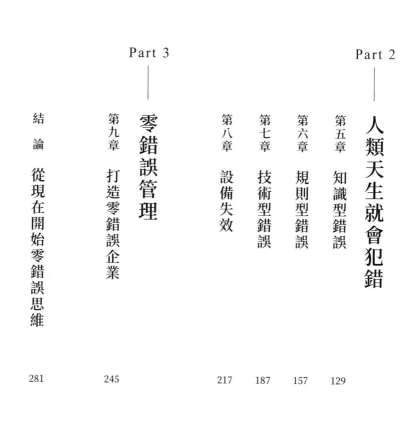

自序

從歷史與經驗中學到教訓

三十多年來，我常常到世界各地處理各式各樣的企業危機和事故，像是加州大停電、三哩島核電廠意外事故、挑戰者號太空梭爆炸、二〇〇九年法航四四七班機空難、德州農工大學營火倒塌，每次處理這些事故時，常常會給我很大的震撼與衝擊。有時候只是很簡單的一個人為錯誤，卻會釀成巨大的損失與傷亡。更可怕的是，大部分的錯誤過去都曾發生過。看到同樣的問題反覆造成重大的傷亡，我總有一股很深的無力感。

這樣的無力感賦予我動力，讓我重新定義人生的目標。

因此，我和我的團隊立志研究人為錯誤，想要弄清楚錯誤發生的根源，以及預防的方法。為此，我與四位麻省理工學院的教授在一九八七年共同促成國際績效改進公司（Performance Improvement International）的創立，從一開始就抱持著一個使命：持續改進現今設備與人為績效的方法（improve current technology of equipment and human performance）。這個使命到現在都沒有改變。現在，我們是世界唯一結合學術界和企業界，長期研究人為錯誤和設備失效的團隊。

我們蒐集歷史上近三千年來重大的成功與失敗案例，從中國第一個有文字記載的戰爭武王伐紂、從未打過敗仗的馬其頓亞歷山大大帝各大戰役，到二十世紀初的兩次世界大戰，還有近年來各大事件、柯達與奇異的成就與沒落，以及蘋果公司發表各大產品的成功。現在，我們和許多大公司合作發展的資料庫已經累積超過八萬筆公司內部的案例，其中四〇%是成功案例，六〇%是失敗案例。經過團隊裡一百多位員工及來自麻省理工的專家進行大數據分析之後，發現不管個人還是企業，決定成功與否的因素只有一個，那就是錯誤的多寡。而且，所有危機事故背後只有一個共同的原因，就是人為錯誤。

因此，我們開發出一套零錯誤方法，我發現只有「零錯誤」才是讓人類不再重蹈覆轍的根本解方。如果大家有零錯誤的方法，確實執行以零錯誤方法建立的零錯誤制度，那麼車諾比、福島等核能災難根本不會發生，王安電腦、摩托羅拉、柯達等曾經輝煌的企業也不會因為錯失商機而沒落。這套做法不只可以用於企業經營，對我們每天的生活、小孩教育也有很深的影響。因此推廣零錯誤方法成為我畢生的使命，希望每個人、每家企業，甚至每個國家，都能實際應用零錯誤方法，真正做到零錯誤。零錯誤的目標就是零危機、零傷亡、零事故、零設備失效。零錯誤就是成功者必需的新思維、新方法。有了新方法，就有立竿見影的成果了。

零錯誤公司會淘汰錯誤多的公司；零錯誤組織會淘汰錯誤多的組織；零錯誤的人會淘汰錯誤多的人。在可預期的未來，一定會實現零錯誤的境界。

我的公司從一九八七年創立以來，服務的客戶已經遍及世界各地的知名企業與組織，包括美國軍隊、軍艦和潛水艇製造商、全球重要零售商沃爾瑪（Walmart）、法國著名核能電廠供應商法馬通公司（Framatome），以及各大跨國藥廠與電子公司等，在《財星》（*Fortune*）五百大公司中，有八成的企業曾經是我們的客戶。我們也持續開發訓練課程，幫助企業與組織達到零錯誤的目標。這些年來，我們訓練的學生已經有十多萬人，有些人還因為學會這套零錯誤方法，被業界譽為零錯誤領導人。

在這本零錯誤入門書裡，我會援引許多嚴重的錯誤事件，來說明整套零錯誤思維與方法的架構，幫助大家了解零錯誤的思維與避免犯錯的方法。你也許會很訝異這些案例中有許多是著名的大企業，也認為這些犯錯的公司應該被淘汰。但實際情況不見得如此。這些案例只是要說明，每間公司多多少少都會有做錯的時候，運氣好的話，這些錯誤不會造成太大的後果；但是如果跟它們一樣運氣不好，不僅會出人命，還可能因此倒閉。但是，我深信只要應用零錯誤方法，不管運氣好壞，這些錯誤一定可以避免。

接下來我會詳細說明這套方法。第一篇要說明什麼是零錯誤，第一章會先談到零錯誤方法的源起，並說明我們對錯誤的定義，以及為什麼零錯誤是決定企業成敗的關鍵；第二章介紹四個重要的零錯誤思維與三種人為錯誤的類型，以及最需要注意防範的單項弱點；第三章則要帶大家認識自己，了解自己容易犯錯的地方，藉此避免錯誤。第四章介紹零錯誤能帶給每一個人快樂與成功的果實。

第二篇要詳細說明三種人為錯誤類型及設備失效，第五章至第七章談的是人為錯誤；第五章介紹知識型錯誤，這是每個人天天都會犯的錯誤；第六章是規則型錯誤，這是在企業與組織最常看到的錯誤；第七章則是技術型錯誤，也就是粗心大意所犯的錯。雖然這三種錯誤的犯錯機率不同，但都有可能造成重大的傷亡與損害。我會在各章中介紹錯誤的根源，以及平時的預防方法。

另外，第八章要說明設備失效。很多意外事故都跟設備失效有關，但是從本質來看，設備會失效都跟人為錯誤有關，所以我會針對設備的設計、採購規格、安裝、審查、操作運行與設備故障排查、根本原因分析來說明避免設備失效的方法。

第三篇要說明如何用零錯誤方法打造一家零錯誤企業。第九章要說明如何藉由預防錯誤的角度來應用七個科技點，藉此達到零錯誤的結果，而且在人性考量下，從企業領導人開始，由上而下建立零錯誤文化。文化就是思維、方法和制度的組合。

現在我有很多客戶已經達到零錯誤的境界，成為真正的零錯誤公司，不但事業年年成長，還遠遠將競爭對手拋在後頭。我相信，不管是企業領導人、政治人物，還是一般人，都能夠在事業與人生上達到零錯誤的完美境界。

我們的研究發現，在錯誤認知的分析及改進上，華人比歐美人士更缺乏客觀性和系統性。因此，這本書的中文版比英文版更早出版，也可以算是給全球華人的一份禮物，希望大家都能真正達到零錯誤的目標。

Part 1

什麼是零錯誤？

Chapter 1

不犯錯，才是成功關鍵

成功跟失敗唯一的分界點就是錯誤的多寡。失敗是錯誤的累積，成功是零錯誤的實現。因此，企業間的競爭就是在比誰的錯誤最少，錯誤的多寡是企業獲利或虧損的關鍵。

在人為錯誤的研究中，一九八六年是非常重要的一年。在那一年，三個月內出現兩次嚴重的人為事故。先是一月二十八日，挑戰者號太空梭在美國佛羅里達升空時爆炸，七名太空人身亡。然後是四月二十六日，俄國車諾比電廠發生核能外洩，烏克蘭、白俄羅斯與俄羅斯大面積的土地受到輻射汙染，成為核能產業史上最嚴重的事故。

在這兩件事故發生後，美國能源部與麻省理工學院合作調查發生的原因，我是這項計畫的負責人。調查結果發現，雖然表面上這兩件事故都牽涉到複雜的設備，但實際上犯的都是人類歷史上重複發生過的錯誤。因此，奠基在這項研究的基礎上，我與麻省理工學院的教授肯特・漢森（Kent Hansen）、諾曼・拉斯穆森（Norman Rasmussen）、華倫・羅森奧（Warren Rohsenow）、彼得・格里菲斯（Peter Griffith）共同促進成國際績效改進公司的創立。

說起我們五個人的研究背景，全都跟人為錯誤和設備失效有關。拉斯穆森被譽為核能安全之父，是第一個把人為錯誤量化的人，一代、二代、三代的核能電廠全都用他計算的方法；羅森奧則是研究設備失效的始祖，雖然當時麻省理工學院沒有開設備失效的課程，但如果尋找設備失效的原因，常會發現都跟人為錯誤有關；漢森研究的是組織錯誤；格里菲斯研究的是系統設備的失效。我則是羅森奧與格里菲斯的學生，從麻省理工畢業後就接到各種意外事故的調查委託。我們全都處理過一九七九年的三哩島核電廠意外事故，都對人為錯誤有很深的感觸。

還記得決定成立公司那天的情景。那是一九八七年十一月三日，我們難得聚在一起，要慶祝拉斯穆森的生日。那天的晚餐從七點開始，我們聊著自己處理過的各種事故，發覺所有事故全都跟人為錯誤有關，卻沒有對人為錯誤進行系統化的分析。我們五個人很興奮的談到凌晨四點，還利用笛卡兒的研究方法，徹夜發展出第一代的零錯誤思維，並決定在十二月成立一間研究人為錯誤的公司。

我們定義的人為錯誤，指的是會導致嚴重後果的不當行為或缺失的行為。如果沒有嚴重後果，只是不當的行為，並不算犯錯。

零錯誤方法的基礎

零錯誤方法的基礎來自法國哲學家笛卡兒（René Descartes），他是數學家、幾何學之父，更是影響麻省理工學院發展的重要人物。他在一六三七年時寫了一本書叫做《方法論》（*Discours de la méthode*），其中提出思考的四大原則：

一、除非所有懷疑都能夠釐清，不然永遠不接受任何事情當成真理。

二、把每個困難的問題盡可能分成很多可行且必要的小問題來一一解決。

三、依序思考，從最簡單的小問題開始解決，再按照難度解決更複雜的問題。

四、詳細解決這些問題，並進行檢查，確保沒有遺漏。

簡單的說，這四個思考原則就是：挑戰假設、由大化小、由簡入繁、驗證遺漏。

首先，笛卡兒認為，要證明所有真理以前，先要釐清所有的疑惑。這意味著不能接受任何沒經過證實的假設（assumption），因為假設就是未經證實的設想，如此才能避免盲從和偏見，即使是來自權威人士的主張，都可以挑戰。他用「懷疑」作為排除一切錯誤知識的方法，這就是著名的「懷疑一切」理論。

其次，解決問題的方法要由大化小。如果一個問題很大很複雜，可以把它拆解為比較簡單的小問題，先從小問題一個一個開始解決，最後大的問題也就迎刃而解。第三個步驟，就是將問題從簡單到複雜排列，先從簡單容易解決的問題開始著手，然後再處理複雜、困難的問題。最後一個步驟，則是要對問題時常進行徹底的檢查，確保問題的每個面向都已經完整解決，沒有任何遺漏。

笛卡兒的四個思考原則發表以後，為當時的思想界投下一顆震撼彈。在此之前，西方思想長期被基督宗教的唯神論和文藝復興時期興起的唯心論所主導，連博物館裡的藝術作品都圍繞著神為主題，哲學也以人的主觀感覺為本。直到笛卡兒推出方法論，主張用科學方法取代神權思考或主觀的哲學，來論證知識的對錯，因此他又被推崇為近代科學的先行者。

很多人不知道的是，麻省理工學院的創立就奠基在笛卡兒的方法論上。創校校長威廉．巴頓．羅傑斯（William Barton Rogers）是笛卡兒的信徒，他在創辦麻省理工學院時，顛覆傳統的辦學理念。有別於哈佛大學設立的科學系，他根據笛卡兒的哲學，強調理論與實務、創新與功能性，因此他在一八六一年麻省理工學院設立時，就把科學這門學科分成十六個系。那時科學系的出路廣泛，物理系、建築工程系等專科的畢業生反而很難找到工作，這使得麻省理工學院在前五年招收不到多少學生。但後來發現，只有把學問這樣細分，才能真正了解問題，因為每個細分的科系都弄得很精通，問題就解決了。

羅傑斯把笛卡兒追求科學真理的想法，列為進入麻省理工學院第一天就要了解的信念，我們五個人也深受笛卡兒的薰陶。在那天晚上，我們五個人聚在一起，發覺我們都在重複處理同樣的事情：所有的事故都跟人為錯誤有關。但是我們五個人都沒有按照笛卡兒的方法思考，沒有去挑戰「犯錯是不可避免的」這個假設，只是接受人為錯誤的事實。其實就像笛卡兒第一個原則提到的，只要是沒被證實的前提、設定、資料，都是假設，都要懷疑和釐清。

於是，我們徹夜談到四點，拆解意外事故發生的原因，畫出兩張圖，一張是設備失效導致事故的流程圖，（見圖1.1）另一張是人為錯誤導致事故的流程圖，（見圖1.2）這就是促成第一代零錯誤方法的藍圖。從這兩張流程圖中，我們發現，有十四種不同的錯誤存在，要防止這十四種不同的錯誤，還需要開發相關的預防方法，我們稱這些待開發的方法為科技點（technology point），這就是我們這三十多年來努力開發的方法。現在我很高興的說，經過三十年的研究後，根據這十四個科技點進而深入研究的預防方法都已經開發出來，要達到零錯誤的境界已經不是遙不可及的事。有了零錯誤方法，就可以預防事故；沒有事故，就不會有重大危機。

零錯誤並非不可實現的理想，而是方法論的結果。用十四個科技點（見表1.1）來預防各種錯誤，就可以實現零錯誤。我們研究發現，現在很多錯誤發生的根本原因，就是因為沒有全盤考量錯誤的來源並針對這些錯誤進行預防。

這三十多年來，我們的零錯誤方法持續研發精進。在一九八七年開始的第一代

圖 1.1　確保設備不會失效的整合性核心能力

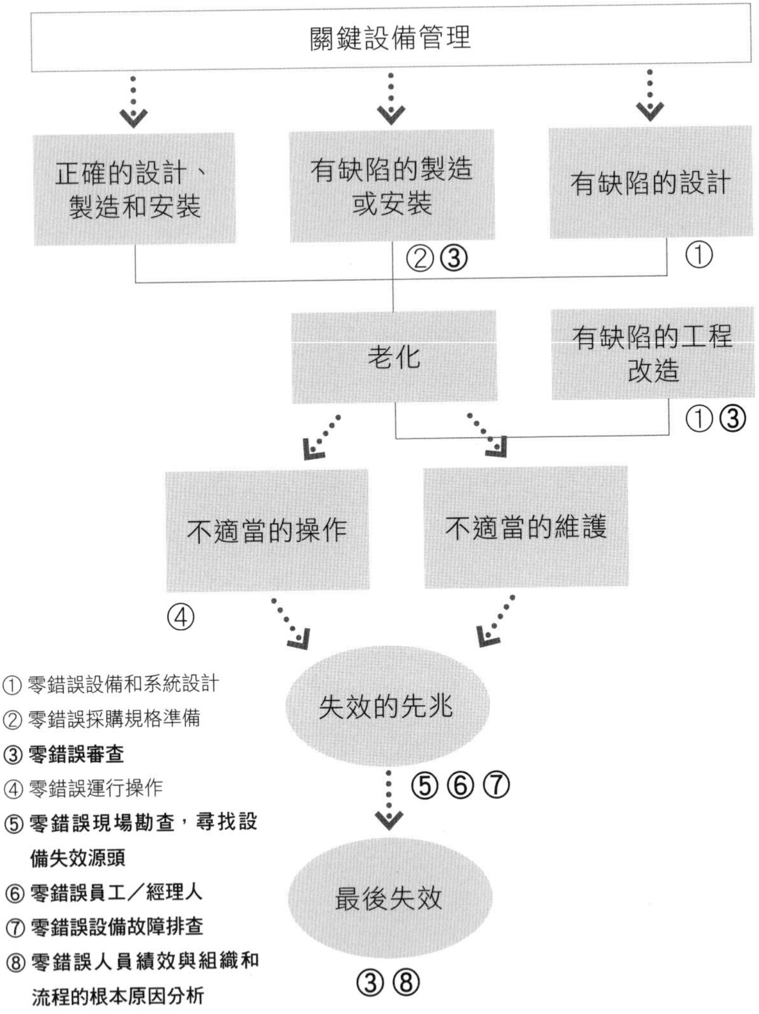

* 粗體字表示需要根據雲端人工智慧技術的核心能力

圖 1.2 確保不因人為錯誤導致意外事件的核心能力

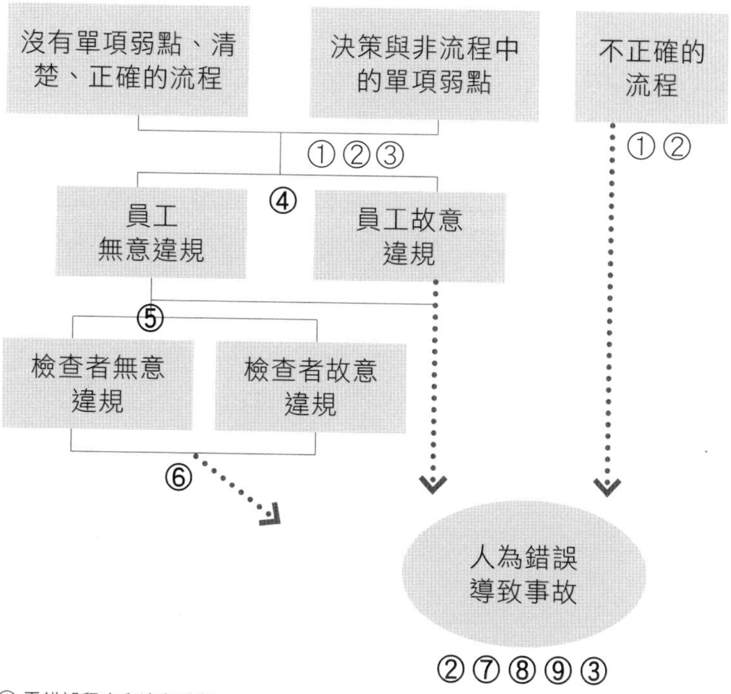

① 零錯誤程序和流程準備

② 零錯誤審查

③ 零錯誤單項弱點判定與防護層設計

④ 零錯誤個人和員工

⑤ 零錯誤領導人和經理人

⑥ 遠端驗證

⑦ 零錯誤人員績效的根本原因分析

⑧ 零錯誤組織和流程的根本原因分析

⑨ 零錯誤共同原因分析

* 粗體字表示需要根據雲端人工智慧技術的核心能力

零錯誤方法中，我們找出人為錯誤的來源，並發展出預防的方法，這是以個人為主來防止錯誤；二〇〇二年以後，我們加入企業互動流程的考量，用來了解企業會犯下哪些錯誤，解決企業決策、操作等等問題。到了二〇一一年以後，隨著人工智慧（artificial intelligence, AI）和大數據技術的發展，我們開發出第三代以軟體為中心的系統和三十多門專業課程，利用我們的大數據資料庫與智慧庫，幫助顧客達到零錯誤的境界。我們的大數據資料庫存有世界各種事件的前因後果，智慧庫則存有全世界跟錯誤有關的研發成果。未來我們已經計畫發展第四代方法，在錯誤尚未發生前就能及時提醒，及時解決。而且正如先前說的，人類總是重複犯下相同的錯誤，而我們已經有十多年沒看過新型態的人為錯誤，也有四年多沒看到全新的設備失效類型，這意味著我們的資料庫已經囊括所有錯誤類型，能夠真正做到零錯誤。

每一代零錯誤方法的突破，都是對人類認知的一大躍進。

錯誤的假設導致嚴重意外

在我處理各式各樣意外事件的生涯中，讓我最難忘的一次意外是德州農工大學（Texas A&M University）的營火倒塌。一九九九年十一月十八日，我突然接到一通電話，是當時的德州州長、後來的美國總統小布希（George Bush）打過來的，

表 1.1　14 個科技點

1. 零錯誤程序和流程準備
2. 零錯誤審查
3. 零錯誤單項弱點判定與防護層設計
4. 零錯誤個人和員工
5. 零錯誤領導人和經理人
6. 遠端驗證
7. 零錯誤人員績效的根本原因分析
8. 零錯誤組織和流程的根本原因分析
9. 零錯誤共同原因分析
10. 零錯誤設備和系統設計
11. 零錯誤採購規格準備
12. 零錯誤運行操作
13. 零錯誤現場勘查，尋找設備失效先兆
14. 零錯誤設備故障排查

他要我立刻出發，沒過多久就派飛機接我到德州了。

究竟為何要如此緊急呢？原來是德州農工大學正舉辦一年一度的美式足球賽，為了慶祝這場年度活動，每年學校都會搭建一座五層樓高的巨型營火。就在營火快搭建完成時，突然倒塌，共有五十八位學生被壓在火炬堆中，生死未卜。身為州長的小布希急忙請我過去協助，希望能夠拯救出生還的學生，並找出事故原因。

我一到達現場，只見搭建營火的木頭散亂倒成一片，如果輕易搬動木頭，很容易破壞脆弱的平衡，造成二次倒塌與更大的傷亡。如何在不讓木頭再次倒塌下，成功拯救出被困在木頭裡面的學生，成為這場意外事件最大的難題。因此，我們團隊必須判斷哪些是支撐目前結構的木頭，然後才能把其他木頭一根一根的抽出來。前後我們整整花了三天的時間，最後在傷害降到最低的情況下，十二位學生死亡，二十七位學生受傷。

這場營火盛會已經有九十年的歷史，以往都很順利，從沒出過事，為什麼那年會發生這麼嚴重的傷亡？小布希非常嚴肅的問我：「這到底是政府的問題？學生的問題？還是有人破壞？」

我應用笛卡兒的方法論詳加調查，發現起源竟然只是一個很簡單的人為錯誤，就是沒做好笛卡兒方法論的第一個步驟：沒有檢查假設是否有錯。那年負責的學生想要讓營火燒得更旺更久，所以變更木頭的設計與搭建方式。以前每一層的木頭長度都一樣，然後像婚禮蛋糕的結構一樣一層一層堆上去。但是那年的木頭改成卡榫設計，上下層的木頭交叉用卡榫來固定，這樣營火就可以燒得更久更旺。不過，這樣做有個前提，那就是營火必須架設在一個完全平坦的地面上，只要地面有一點點傾斜，營火就有可能倒塌。

不幸的是，在架設到第五層的時候，因為地是斜的，有個橫向力量把固定用的鐵圈撐壞，所以搭建的營火也是斜的，結果最後就垮了。不幸中的大幸是，我們救出不少學生，但我還是充滿震撼與困惑，一個人坐在運動場上想了好幾天。為什麼從頭到尾沒有一個人挑戰這個假設：這塊地到底是不是平的？只因為往年都能夠順利搭建，甚至連當地最擅長搭建營火的印地安人都說這塊地是平的，所以沒有人覺得需要去重新檢查地面的傾斜程度。只是因為忽略這麼簡單的一個假設，卻造成十多條年輕生命永遠的遺憾。

錯誤的假設常常藏在大家深信不疑的共識中。

錯誤總是一直出現，沒有減少

十年之後，另外一個事件再度證明人類一直在犯相同的錯誤，而且這些錯誤都很小，完全可以預防。

這件事發生在二〇〇八年，打電話給我的是美國南方一家電力公司，擁有兩座電廠，其中第二座二十層樓高的電廠發生鷹架崩塌意外，十七位員工性命垂危。與德州農工大學一樣，發生意外的原因也很簡單，都是沒有挑戰假設。任何建築物的支撐點都是最重要的設計，第一座電廠承受鍋爐重量的鷹架角度是四十五度，第二座電廠的鷹架施工時也就想當然耳的採用第一座電廠的設計，也做成四十五度。事實上，第二座電廠因為油料重量的不同，鷹架的角度應該比第一座電廠多十度，到五十五度。因為沒有挑戰四十五度的假設是否正確，因而導致許多位員工的無辜犧牲。

這個事件結束未滿一年時，美國政府和杜克電力公司要求我帶領一支團隊，緊急調查一件世界上從沒發生過的事情：水晶河核能電廠（Crystal River-3）反應爐圍阻體牆龜裂事件。這個五英呎厚的圍阻體牆因為工程改造，在受到非常小的應力下裂開。這件事意味著全世界四百座核能電廠安全都會因此出問題。經過一百個人耗時一年、花費一千萬美金的調查後，發現問題出在對圍阻體牆的龜裂模式假設錯誤。使圍阻體牆破裂的不是應力，而是儲存的能量。雖然圍阻體牆受到的應力很小，但是因為能量很大，於是牆就裂開了。這個錯誤的假設在全世界已經普遍使用很久，包括美國核能管理委員會和世界各大工程公司，但是沒有人質疑。最後，這個價值二十億美元的電廠的圍阻體因為無法修補，只能提前除役。

這三個事件帶給我的震撼是，造成重大傷亡和財務損失的人為錯誤，竟然在短短的時間內就再度重複發生，而且都是很小、可以完全避免的錯誤，如果事前這些公司就有零錯誤思維，都運用零錯誤的方法，這些生命都可以不必犧牲，財產也不必浪費。因此，零錯誤不只是對企業有很大的幫助，對每個人的工作、生活和安全也有很深的影響。這個震撼讓我和團隊加速進行第三代零錯誤方法的研發。

俗話常說：「人非聖賢，孰能無過。」因此大家普遍認為犯錯是人生的一部分。因為犯錯不可避免，所以只能慢慢改正，不可能完全零錯誤，但其實慢慢改就等於沒改，因此，三千年來人為錯誤從沒有停止過。

人類有書寫紀載的歷史長達三千年，每個朝代從興起到滅亡，衰敗的模式與所犯的錯誤都一再重複，英國歷史學家亞歷山大·泰特勒（Alexander Tytler）曾經發表一套理論，說道：「在歷史上，世界上最偉大的文明，平均的年齡大約是兩百年，在這兩百年中，這些國家都是按照以下的順序在發展：從受奴役到產生精神信仰；從擁有精神信仰到產生偉大的勇氣；從擁有勇氣到追求自由；從擁有自由到過著豐饒的生活；從過著豐饒的生活到變得自私；從自私到自滿；從自滿到冷漠；從冷漠到產生依賴；從依賴別人回到受人奴役。」

確實，如果從實際資料來看，西方帝國與王朝不論好壞，存續的時間平均大約四百年，（見表1.2）中國的朝代平均則是三百二十四年。（見表1.3）這些朝代都有共同的特性。開始興起後，就展開新一輪成長期，領導人勵精圖治、戰戰兢兢，建立新法規、新制度。國家有了新秩序，經濟也開始變得富裕，領導團隊因此有了自信。自信的下一個階段就是過度自信，當過度自信慢慢擴散到團隊每一個人，就漸漸質變成一個自滿的政權。一個自滿的領導人會愈來愈不了解人民的疾苦和需求，國家的問題愈來愈多，最後就變成彼此對立。當領導人跟人民開始對立時，就是下一次動亂的序曲。最後動亂爆發，舊政權被推翻，新的王朝誕生，這就是每一個朝代的興衰循環。

不過，因為現代資訊的快速發展，朝代的更迭交替有加快的趨勢，以前要花四百年，現在可能一百年左右就要換一個朝代。以蘇聯為例，它曾是面積最大的國家，但從建立到解體卻不到一百年；許多中東國家與非洲國家的壽命更短，約三、

表 1.2 西方帝國與王朝的存續時間

帝國或王朝	存續時間
拜占庭帝國（395 AD-1453 AD）	1058 年
西羅馬帝國（259 AD-476 AD）	217 年
神聖羅馬帝國（962 AD-1806 AD）	838 年
羅馬共和國（509 BC-27 BC）	482 年
花剌子模帝國（1098 AD-1231 AD）	133 年
鄂圖曼帝國（1300 AD-1453 AD）	153 年
薩曼帝國（819 AD-999 AD）	180 年
塞爾柱土耳其帝國（1035 AD-1157 AD）	122 年
笈多帝國（320 AD- 550 AD）	230 年
英國（1707 年至今）	303 年
丹麥王國（1200 AD-1814 AD）	614 年
大英帝國（1600 年東印度公司至 1997 年香港回歸中國）	400 年
平均	**400 年**

表 1.3 中國各朝代的存續時間

帝國或王朝	存續時間
夏朝（2100 BC-1600 BC）	500 年
商朝（1600 BC-1046 BC）	464 年
周朝（1045 BC-256 BC）	779 年
秦朝（221 BC-206 BC）	15 年
漢朝（206 BC-220 AD）	416 年
晉朝（265 AD-420 AD）	155 年
唐朝（618 AD-910 AD）	289 年
宋朝（960 AD-1276 AD）	316 年
元朝（1271 AD-1368 AD）	97 年
明朝（1368 AD-1644 AD）	276 年
清朝（1644 AD-1911 AD）	267 年
平均	**324 年**

四十年就重新換一個政權。無論時間長短，每一個朝代最後衰敗的理由與犯下的錯誤幾乎都一樣，興盛於勵精圖治，衰敗於驕傲自滿、好大喜功。

發動戰爭是最典型的知識型決策錯誤。（什麼是知識型錯誤，我們會在後續章節介紹。）第二次世界大戰時，軸心國德國與日本打到國家幾乎都快滅亡。兩國一億四千萬人民幾乎都聽信國家領導人的說法，完全沒有意識到這是錯誤的決策。人類有書寫記載的歷史至少有三千年，這三千年來大小戰爭沒有停過，如果看到歷史數據，更會讓人心驚，Our World in Data 網站統計一四〇〇年以來的軍事衝突與民間衝突，發現在武器與戰術更加精進下，衝突造成的死亡率有持續升高的趨勢。（見圖1.3）

犯罪是最典型不守規則的規則型錯誤。（什麼是規則型錯誤，我們也會在後續章節介紹。）英國與美國的坐牢人數變化資料也顯示，一九〇〇年以來，兩國的坐牢人數都快速升高。英國目前的坐牢人數是一百年前的四倍，（見圖1.4）美國則是一百年前的六倍。（見圖1.5）即便現在開發各種預防犯罪的方法，好像都趕不上錯

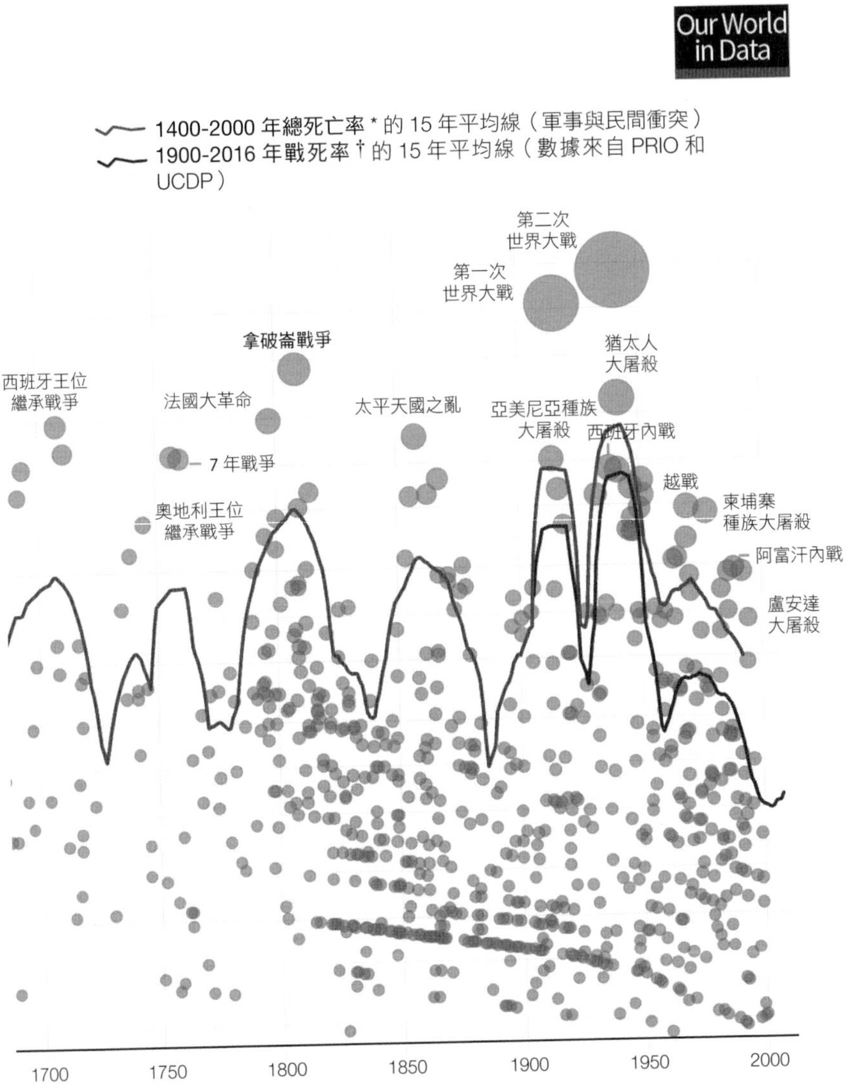

* Conflict Catalogue 的數字包括民間與軍事衝突。在很多例子中計入飢荒、疾病等間接造成的死亡。然而，由於歷史資料的不確定性，各衝突間的死亡率數字變化很大。

† PRIO/UCDP 定義的戰死率指的是武裝暴力衝突直接造成的死亡率（不包括因為疾病、飢荒或其他關押導致的死亡）。這個數字包括戰爭造成的平民死亡，但並非故意或刻意瞄準平民。（也就是包括軍事交火導致的平民死亡，不包括種族大屠殺導致的死亡。）

圖 1.3　1400 年以來全球因為衝突造成的死亡率

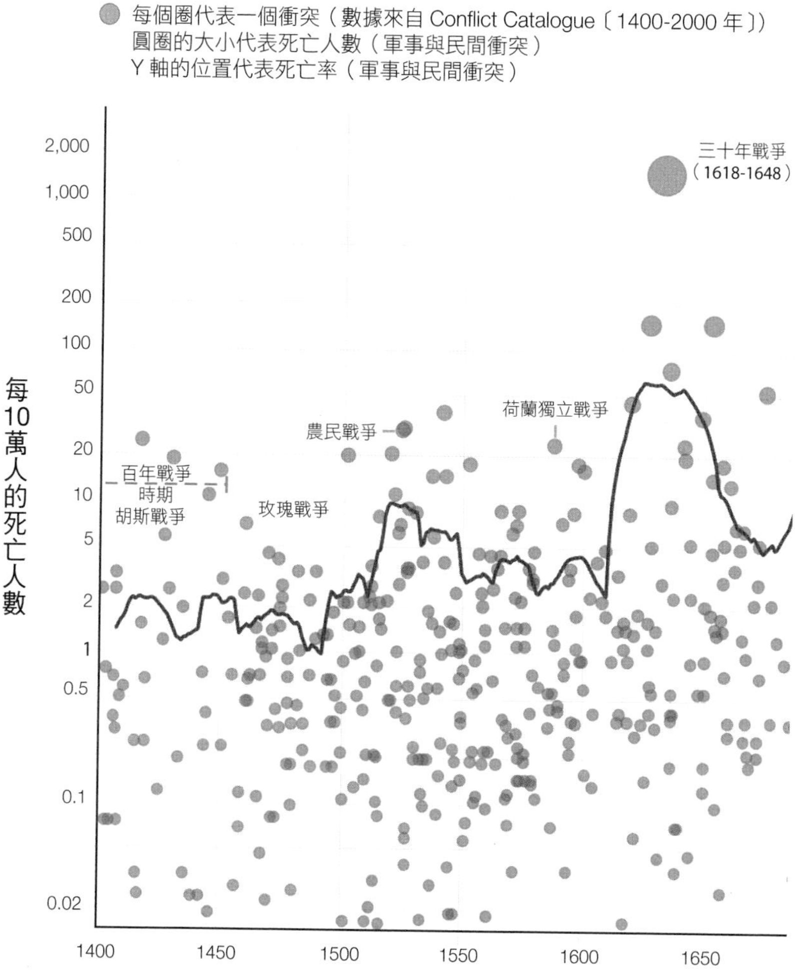

資料來源：Conflict Catalogue by Peter Brecke, PRIO Battle Deaths Dataset（v3.1 after 1945 and v2.0 prior）, and UCDP v17.2. World population data from HYDE and UN.
https://ourworldindata.org/uploads/2018/09/Bubble-and-lines-FINAL-03.png

注：所有的死亡率是以相對於當時的全球人口數字來計算（每 10 萬人的死亡人數）

此視覺化圖表來自 OurWorldinData.org，那裡有更多衝突與全球開發的研究與視覺化圖表

圖 1.4　1900 年代以來英國的坐牢人數變化

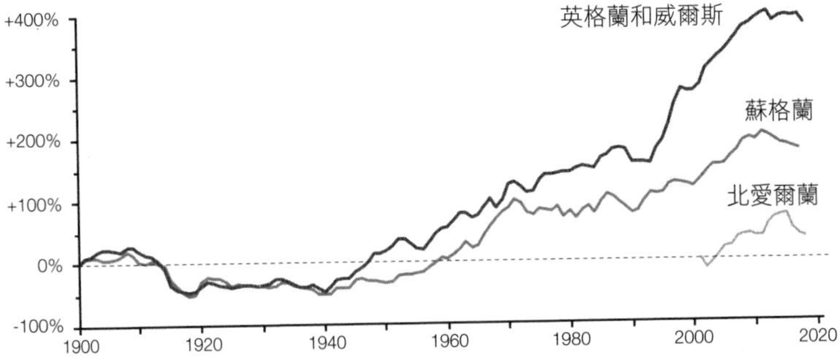

資料來源：MoJ (England and Wales) Offender Management Statistics Quarterly, various years; Scottish Government, Prison statistics and population projections; DoJ (Northern Ireland) The Northern Ireland Prison Population 2017/18

圖 1.5　1925-2014 年美國每 10 萬人坐牢人數

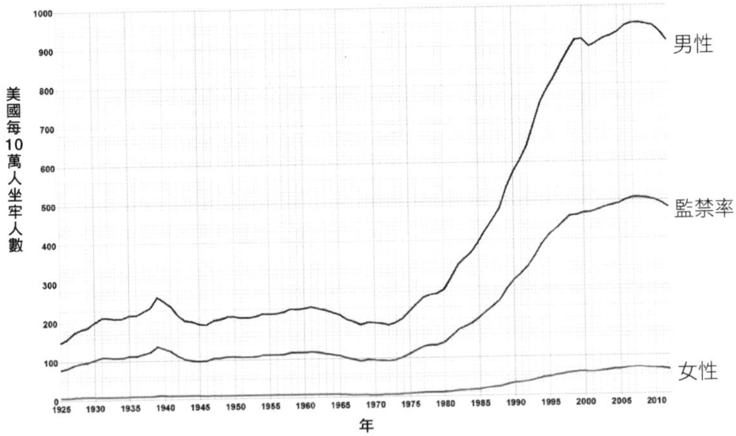

資料來源：https://en.wikipedia.org/wiki/United_States_incarceration_rate

誤率上升的速度，無法有效預防犯罪。

我們人類是在加速犯錯，自找滅亡嗎？我常常問自己，為什麼美國和其他國家花上億的經費在研究有沒有外星人，但對人類為什麼犯錯卻不知其解。

如果歷史可以讓人類學到教訓，那麼我們現在早就達到零錯誤的境界了，但為什麼我們還會重複犯錯？而且犯錯率還在持續增加？

強盛的雅典為什麼會滅亡？

古希臘雅典為首的提洛聯盟（Delian League）不僅是民主政治的發源地，也是西方文明的搖籃，不僅培育出蘇格拉底、柏拉圖等著名的大思想家，到現在為止，許多醫學專業用語都還是使用希臘字。除了文化方面的影響外，雅典還擁有當時最強的海軍，如此進步強大的國家究竟為什麼會滅亡？

雅典的死對頭是斯巴達為首的伯羅奔尼撒聯盟（Peloponnesian League），斯巴達曾經暗中鼓動聯盟中的成員斯格斯塔（Segesta）去矇騙雅典出兵相救，理由是斯巴達看上他們的財富與港口，將出兵侵占斯格斯塔。

為了取信於雅典，當雅典使者出訪到斯格斯塔時，斯格斯塔國王特地下令全城人民穿金戴銀，珠光寶氣的走在大街上，營造富裕闊綽的假象。雅典使者也信以為真，加上斯格斯塔位處重要戰略位置，因此雅典答應派出大軍，長途遠征。但是戰線拉得太長，途中突然遭遇斯巴達的伏擊，援軍根本來不及救援。結果雅典全軍覆沒，國力從此一蹶不振。數年後，國土只有雅典十分之一的斯巴達出兵攻下雅典，並命令所有希臘貴族和知識分子喝下毒藥，從此希臘文明後繼無人，光芒不再。

同樣的人為錯誤在歷史上不斷重複，以前犯下的錯誤跟現在犯下的錯誤沒有多大區別，都是同樣的類型、同樣的影響因素（contributing factor）、同樣的結果。雖然每一個人都學過歷史，但是我們從來沒有從歷史經驗中真正學到教訓。為什麼歷史一再重演？錯誤一再重複？我們團隊對這個問題研究很久，最後終於發現是因為沒有從人為錯誤的角度來看待歷史，思考是哪些人為錯誤造成歷史重演？如何預防與避免這些人為錯誤？如何跳出歷史錯誤的循環？想要從失敗變成功，必須有「零錯誤」思維。

歷史上，過度自信乃兵家大忌

驕傲自滿、過度自信是最常發生的人為錯誤之一，古今中外小至個人，大到國家，過度自信的例子不勝枚舉，最有名的就是關羽大意失荊州的故事。三國時期，劉備命關羽鎮守兵家必爭之地荊州，但是關羽卻輕率帶領大軍離開荊州，揮軍北上攻打曹操，果不其然，東吳立刻趁荊州兵力空虛，出兵占領。

關羽之所以如此大膽離開重要的軍事基地荊州，是因為得知東吳大將呂蒙重病在身，繼任者是年紀輕輕、從無作戰經驗的陸遜。豈知陸遜功於心計，不僅設計呂蒙生病的假消息，又寫信給關羽百般阿諛奉承，稱讚關羽如何英勇無敵。關羽果然上當，以為陸遜膽小畏戰，當他得知荊州被攻陷的消息，雖然立刻回防，終究還是落入敵軍的連環套。這不僅是關羽一生洗刷不掉的汙名，更讓「大意失荊州」成為常用的成語，用來時時提醒大家不要過度自信。

過度自信是兵家大忌，即使是軍事天才拿破崙（Napoléon Bonaparte），最後一次失敗竟然也是因為過度自信。著名的滑鐵盧大戰是拿破崙的最後一戰，英國威靈頓公爵率領的英荷聯軍，與拿破崙對峙於比利時南部的滑鐵盧。結果戰爭開打不到四個小時，拿破崙就狼狽落荒而逃，三天後被抓到。

拿破崙的軍隊、槍炮都比英荷聯軍更占優勢，而且兩天前才擊敗普魯士的軍隊，因此當天吃早餐時，他狂傲的說：「打這場仗，就跟吃這頓早餐一樣簡單。」拿破崙跟關羽一樣，也犯了過度自信、過度輕敵的錯。剛被拿破崙打敗的普魯士只是假裝撤退，威靈頓先是引誘拿破崙的騎兵進入營地核心，然後再前後夾擊，拿破崙軍隊兵分兩路前後禦敵，結果左翼完全沒有布防，因此被普魯士軍隊埋伏襲擊，潰不成軍。

過度自信的失敗，都是一連串成功勝利後的產物。

諾基亞與柯達錯在哪裡？

在所有人為錯誤中，過度自信發生的機率很高。我們發現，愈成功的企業就愈容易犯下過度自信的錯誤。有愈來愈多原本世界第一的企業因為一個致命錯誤，從此快速跌落神壇。

諾基亞（Nokia）曾經是全球市占率最大的手機廠商，全盛時期，它的手機霸主地位完全沒有其他廠商可以超越，但是現在已經很少人用諾基亞手機。諾基亞在短短幾年就從顛峰跌落谷底，但在微軟收購諾基亞的記者會上，執行長約瑪·奧利拉（Jorma Ollila）卻說：「我們並沒有做錯什麼，但不知道為什麼會輸。」奧利拉說完，連同他在內的幾十名諾基亞高階主管都落下眼淚。

諾基亞當真沒有犯下任何錯誤嗎？智慧型手機問世之後，手機作業系統面臨兩大選擇，第一個是購買安卓系統（Android），第二則是自己開發新系統。諾基亞選擇後者，在二〇一二年與微軟合作開發新的手機系統軟體。但是，一套新軟體的研發週期（development cycle）最快要七年，這意味著二〇一九年才能推出手機系統軟體，但手機產品的市場週期（market cycle）是三年，這意味著每隔三年，軟體就要推出最新版本。也就是說，諾基亞的研發速度不僅完全跟不上市場週期，還大幅落後。因此，諾基亞的致命錯誤就是過度自信的選擇自己開發軟體，但是卻沒想到新軟體的研發週期太長，根本無法和安卓或 iOS 競爭。

最後諾基亞宣布開發軟體失敗，公司也被收購了。那些當初選擇安卓系統的手機廠商，例如三星、小米、華為等，反而都成功了。很多領導人都跟諾基亞的執行長奧利拉一樣，即使自己犯了錯，公司都快倒閉了，卻仍然不知道自己究竟錯在哪裡。

另一家犯下致命錯誤的全球第一名企業是柯達，這家擁有百年歷史的底片巨人曾是美國最賺錢的公司之一，但如此輝煌的企業最後卻人間蒸發，究竟是為什麼？

雖然數位相機的興起讓底片成為歷史名詞，但事實上，柯達本來占有絕佳的優勢。它發明第一台數位相機，擁有業界最強的數位相片處理軟體，但因為害怕新事業侵蝕傳統底片業務，因此把數位產品棄置一旁。領導團隊決定堅守本業，不斷投注更多資源在改良底片的品質，生產更好、更貴的底片，卻是愈錯愈離譜。

一個光輝的成就，常常在幾個錯誤後就變成教科書上學習錯誤的教材。

該做未做與要做做錯，都是錯誤

柯達與諾基亞的例子，正好可以用來說明錯誤的兩大形式，就是「該做未做的錯誤」（omission error）和「要做做錯的錯誤」（commission error）。而且，該做未做的錯誤率比要做做錯的錯誤率還高。該做未做的錯誤指的是應該做的事情或決策，卻因為自滿、猶豫不決的態度、懶惰或故步自封而沒做。柯達就是典型犯了「該做未做」的錯誤，當數位相機浪潮勢不可擋，明明應該選擇向數位產品靠攏，旗下又有相關產品，但柯達卻選擇不作為，將數位產品打入冷宮。有些人自作聰明以為多做多錯、少做少錯、不做不錯，但事實上，什麼都不做就是最大的錯誤，眼看著機會不斷流失，壞事愈滾愈大，最後連補救的機會都沒有了。錯過一個機會，本身就是一種錯誤。

一般公司的失敗大多是由於該做未做的錯誤。我們的研究發現，該做未做的錯誤發生率是要做做錯的二到三倍。而且在一般決策者中，最常見的該做未做的錯誤就是沒有挑戰假設、沒有找出缺失、沒有抓住機會、創造機會和管理機會。還有在帶入一個新的制度、新的產品、新的流程時，沒有進行試點、漸進推廣和蒐集意見，進而導致沒想到的瑕疵，造成整個計畫失敗。

諾基亞犯的則是要做做錯的錯誤，它雖然有採取行動，做出決策，但卻做出一個錯誤的決策。當其他手機公司都正確的選擇安卓系統、避開軟體研發週期趕不上市場週期的困境時，只有諾基亞堅持要自行研發新軟體。諾基亞雖然不像柯達一樣毫無作為，卻因為決策錯誤，結果還是一樣，全軍覆沒。

國家有國家的生命週期，企業也有企業的生命週期。過去企業的平均週期大約是一百年，現在替換速度加快，平均每三十年，企業就會因為犯下致命錯誤而遭淘汰出局。無論是企業的倒閉，或是國家的滅亡，原因都如出一轍，都是人為錯誤。唯一可以延長企業週期的方法，就是不犯大家都犯的錯。

從奇異的失敗看如何超越六個標準差

經過這三十年來的研究，我們發現，成功跟失敗唯一的分界點就是錯誤的多寡。失敗是錯誤的累積，成功是零錯誤的實現。因此，企業間的競爭就是在比誰的錯誤最少，錯誤的多寡是企業獲利或虧損的關鍵。

大家都知道奇異（General Electric）這家公司，它是美國的指標企業、成功企業的最佳典範，更曾經是美國市值最大的公司，旗下事業包山包海，有能源、電器、廣播等等業務。最讓人津津樂道的就是在傑克・威爾許（Jack Welch）的經營下，引進由摩托羅拉發明的六個標準差（six sigma）管理方法，這是一項著重改善產品品質的系統，不但把奇異帶到顛峰，許多公司還仿效奇異的做法，把六個標準差的管理模式當成圭臬。但是，即便是這家從一八九六年就入選道瓊工業指數十二檔創始成分股的偉大企業，還是禁不起連續犯錯，如今奇異兩度瀕臨破產邊緣，二〇一八年終於被踢出道瓊工業指數成分股。

從高峰跌落谷底，奇異到底犯了什麼錯？事實上，奇異犯下的錯誤不只一個，它連續犯了好幾個致命錯誤。金融海嘯前，奇異不斷擴大「業外」事業：奇異資本（GE Capital），在美國經濟復甦以及房地產景氣帶動下，嘗到甜頭的奇異愈陷愈深，過度依賴金融事業，結果世紀金融海嘯來襲，若不是股神巴菲特拿出三十億美元來救援，奇異就要翻船。

但是奇異並沒有學到教訓，繼續犯錯，它轉而大肆投資石油、天然氣，花大錢收購法國工業之母阿爾斯通（ALSTOM）和油業巨頭貝克休斯（Baker Hughes）。結果，隨著全球經濟陷入停滯，用電量不再大幅成長，加上全球暖化，再生能源才是未來趨勢。最後，致命一擊的錯誤是成立奇異數位（GE Digital），要打造一個全新的物聯網系統軟體。但軟體研發週期跟不上市場週期，就跟諾基亞犯下的錯誤一樣，新事業還沒開始就注定失敗。一連串的錯誤，讓百年傳奇奇異以自由落體的方式往下墜，快速衰敗到谷底，就連擅長改善製程的六個標準差管理方法也拯救不了。

六個標準差的管理方法，號稱利用統計學的原理找出流程問題，再藉此精進，達到產品不良率低於六個標準差的結果。如果真的做到六個標準差的境界，那麼產品不良率可以降至〇・〇〇〇三四%，幾乎是零錯誤的狀態。但是，為何一家從上到下奉行六個標準差的公司還會沒落？原因就出在沒有將人為錯誤納入考量。

因此，我們的零錯誤方法提出「超越六個標準差」（beyond six sigma）的方法，在六個標準差的管理方法上加入零錯誤思維，第九章會詳細說明這個思維。但這裡要強調的是，成功與失敗必須重新被定義，成功跟失敗唯一的分界點就是錯誤的多寡。無論是個人、企業或是國家，要跳出人為錯誤的循環，都必須有「零錯誤」思維，「零錯誤思維」是一套革命性的方法，是人類思考往前跨一大步的重要基石。

本章練習

▼你認為公司領導人有哪三件事情是該做未做的事？哪三件事情是要做做錯的事？

▼你認為自己在工作上有哪三件事情是該做未做的事？哪三件事情是要做做錯的事？

▼觀察你的同事，有哪位同事犯的錯誤比較少，所以比較有競爭力？有哪位同事犯的錯誤多，結果導致失敗？請舉例說明。

Chapter 2

零錯誤思維

每一個小錯誤都是上帝賜予的禮物，如果能夠好好珍惜這份禮物，針對發生的原因馬上做出修正，自然能夠避免大災難。

馬其頓王國的亞歷山大大帝（Alexander the Great）可以說是第一個締造完美「零錯誤」紀錄的人。他從二十歲登上王位開始，只花了十餘年就開創世界上第一個橫跨亞洲、歐洲、非洲的帝國。從十八歲開始出征，到三十二歲死亡為止，總共領導七場大戰役與數百場小戰役，從未嘗過敗績，是歷史上最偉大的將軍之一。

即便在戰場上擁有「零失敗」的完美勝率，亞歷山大大帝最後還是犯下人生唯一的錯。就在即將到來的三十三歲生日前不久，他打完勝仗回到巴比倫，準備大開慶功宴。慶功宴的主辦人是他的好友安提帕特。安提帕特特別推薦自己的兒子在宴會上擔任亞歷山大大帝的侍酒師。亞歷山大大帝不疑有他，一口答應。在當時，侍酒師是皇帝身邊侍奉飲品與試毒的人，通常都是親信或最信任的人才能擔任。

不過這個決定卻造成難以挽回的錯誤。亞歷山大大帝沒想到的是，不久前他才訓斥安提帕特一頓，因為傳言安提帕特對帝國不忠誠，要醞釀叛變。安提帕特深怕會被亞歷山大大帝處死，所以先下手為強，讓兒子在宴會上的酒裡下毒。

史書紀載，亞歷山大大帝一連幾天飲酒狂歡，之後發著不明的高燒，全身失去知覺，一連昏迷十二天後，終於撒手人寰。他死後，馬其頓王國群龍無首，帝國分崩離析。在歷史上，亞歷山大大帝的暴斃一直是個謎團，大家都不確定他的死因，畢竟不清楚哪一種毒藥可以在毒發後十幾天才讓人死亡？這個答案直到二〇一四年才水落石出。紐西蘭毒物中心學者里奧・謝普（Leo Schep）經過十多年的研究後才找出疑似摻入酒中的毒藥：希臘南邊生長的一種植物白藜蘆（veratrum album）。

雖然這段歷史眾說紛紜，卻說明一件事：就算是一生鮮少犯錯的亞歷山大大帝，到最後還是會犯錯。在人生最後的階段，他犯了兩個錯誤：第一，侍酒師不應該只安排一個人，因為只要這個人存有叛變之心，或是不小心做錯事情，都有可能危及生命；第二，亞歷山大大帝沒有培養接班人，以致於辛苦建立的偉大帝國在一夕之間崩解。如果有三個人擔任侍酒師，經過三道關卡把關，就沒有讓人上下其手的機會；另外，就算連年征戰都沒嘗過敗仗，也該積極培養與設立繼承人，才可以確保辛苦打下的江山傳承下去。

戰爭要做到零錯誤是最困難的，因為每場戰爭牽涉的因素與面向廣大而複雜，包括武器、戰術、補給、軍心、天文、地理……等，亞歷山大大帝能做到幾乎零錯誤，讓全世界的戰爭教科書都以他為最佳範本，真是不出世的天才。但這樣一個在歷史上唯一接近「零錯誤」的人，最後還是犯了大錯。

如果他有零錯誤思維，就可以避免犯下致命錯誤。零錯誤思維就是達到一個沒有錯誤境界的思考模式。

只要能夠分析每一個錯誤，就可以學到錯誤發生的原因，以及預防的方法。我常跟學生說：「如果能夠在每天晚上分析自己的錯誤，檢討可以怎麼預防，就可以很快達到零錯誤的境界。每一個小錯誤都是上帝賜予的禮物，如果能好好珍惜這份禮物，針對發生的原因馬上做出修正，自然能夠避免大災難。如果能更進一步分析四周朋友、主管和部屬犯下的錯誤，那就不只是上帝給你禮物了，這是犯錯的友人免費送給你一個機會，可以讓人生變得更好。」

四個零錯誤思維

零錯誤思維有四個重要的思考模式：

一、只要是人，就可能犯錯。
二、每一個錯誤都可以預防。
三、錯誤有不同來源和形式，每種錯誤都有專屬的改進方法。
四、企業裡的每個人都需要知道養成零錯誤的做事方法、以及建立零錯誤制度的方法。

第一個重要思維是人可能犯錯。如果亞歷山大大帝都會敗在一個看似平常的錯誤，那麼像我們這樣的凡夫俗子，偶爾犯錯而造成負面後果也就不稀奇了。
但重點在於，就算犯錯很常見，只要知道會犯下哪種錯誤，就可以預防。這也就是第二個零錯誤思維。前面提過幾個企業犯錯的例子，像柯達雖然是第一家發明數位相機的公司，但因為要保護底片相機事業，錯失數位相機事業的浪潮；諾基亞、摩托羅拉、奇異原本都是一方霸主，也因為沒有抓住趨勢而失敗，這些錯誤在事前都有跡可循。如果繼續閱讀這本書，你會看到更多犯錯的例子，有些錯誤看似複雜，但只要透過分析、層層簡化之後，全都可以判別出犯錯的類型，這意味著所有的錯誤都可以預防。

成功與失敗的差別，就是成功的人知道如何分析與預防錯誤，失敗的人不知道，因此只能眼睜睜看著錯誤發生，然後疲於收拾善後，或是滔滔辯解。我們分析許多企業的案例，發現成功的企業或領導人總是思考怎麼防止錯誤，因此，他們每天想的是企業裡的制度可以怎麼改進。相反的，失敗的企業和領導人總是忙著處理以前犯錯所造成的後果。他們可能看到市場縮減，所以拚命想要開發新市場；或是因為在設備維護上出錯，導致產線中斷，承受龐大的損失。當一家企業每天都疲於收拾爛攤子，長久下來，競爭力與創新自然愈來愈弱。每天都在應付錯誤的企業，遲早會變成失敗的企業。

第三個零錯誤思維是「不同形式的錯誤都有專屬的預防方法」。例如在做決策時，要考慮假設，才可以防止決策錯誤。但是在平常生活中，要分析並預防粗心大意導致的錯誤，考慮決策中的假設是沒辦法解決的。錯誤有各種來源，也以不同的形式出現，有些錯誤是程序錯誤，有些則是員工粗心大意，還有一些是領導人的決策錯誤。當我們要防止這些錯誤時，要各個擊破，要針對錯誤的來源進行應對。不然的話，只改進領導人的決策錯誤，程序錯誤和粗心大意依然存在，一直會重覆犯錯。第三個思維就是應用笛卡兒的第二個原則：把每個困難的問題盡可能分成很多可行且必要的小問題來一一解決。

最後第四個思維，企業要達到零錯誤，必須從上到下，從領導人到基層員工都需要具備零錯誤思維，進而建立起零錯誤方法和制度，零錯誤才能真正落實。只有當每位員工都知道零錯誤的意義、知道錯誤可以預防，才能夠防止自己犯錯，進而防止別人犯錯，然後整個企業就都不會犯錯。當零錯誤的觀念從上而下成為整個企業的文化時，就能真正達到零錯誤的境界。

使用零錯誤方法之後，每個員工犯下的錯誤漸漸減少，發生事故的機率漸漸降低，浪費的錢減少，也不會有不當的維護，因為設備失效而造成的生產損失減少，公司就可以賺到更多的錢。我們的資料顯示，一般公司花一元培養零錯誤員工，就會得到十元的收益。經營公司就是經營人才，當每一個人都做到零錯誤的時候，公司就成功了。

根據我們的觀察，聰明的人跟愚笨的人唯一的分別，就是聰明的人如果犯錯，都會知道要分析錯誤並進行預防，愚笨的人犯錯只知道抱怨與責怪別人。

錯誤都藏在意想不到的地方

曾經有家美國連鎖量販賣場找上我，想要處理一個每年都會發生的意外事故。這家連鎖量販賣場一年的營收有上千億美元，分店遍及全美國，只要因為商品瑕疵造成顧客傷亡，都會被高額求償。付出賠償金最多的商品就是輪胎。這家賣場一年賣出的輪胎有數百萬個，顧客挑選完後，賣場員工還要負責安裝輪胎。

問題就出在安裝輪胎上。安裝輪胎的工作並不難，基本上就是把舊的輪胎拆下來，換上新的輪胎，然後把螺絲拴緊。賣場早已有個詳盡的標準作業流程，員工基本上只要照做就不會出問題。但每年還是固定會有五十多人因為剛裝好的輪胎飛出去而意外身亡，這種情況已經有二十多年，賣場老闆想盡各種方法都無法改善。他找遍全世界的專家，也裝設錄影設備，記錄每個輪胎的安裝過程，全程監控員工是否有照著標準作業流程做事，但還是找不出原因。持平來說，如果從六個標準差的標準來看，每年換幾百萬顆輪胎，只導致五十多人死亡，表現已經非常好了，但還是不符合零錯誤的思維：所有錯誤都可以預防。所以賣場老闆要我解決這個問題。

他讓我看輪胎飛出去前的監視影片，我看到每位員工都按照標準作業流程，拆下舊輪胎，換上新輪胎，拴緊螺絲、測試，一切都完成後，接著開車出去繞一圈，測試輪胎有沒有鬆脫，整個程序都確認無誤後才交車。但是顧客把車子開出賣場不到三分鐘，輪胎就飛出去了。

我向賣場要來二十多年來的事故資料，進行大數據分析。很快就分析出所有事故都出在三個地方：北部都發生在費城與蒙大拿兩個城市，南部都在比較熱的德州。為什麼都集中在這三個地方呢？大數據分析發現，南部與北部的肇事原因不同。南部會造成死亡事故有兩個原因，一是幅員廣闊，每個人都買大車，如果車子翻車，大車比小車更容易造成死亡事故；再加上南方天氣較熱，輪胎最軟，在路面滾動時會產生震動，當輪胎震動的頻率與螺絲固有的頻率一致時，就會產生共振，這時螺絲就會鬆脫，導致輪胎飛出去。

北部的情況則不一樣，意外事故都發生在下雪的時候。下雪時，各地都會灑鹽來防止路面積雪，費城與蒙大拿也不例外。但是這兩個城市用的鹽加了酸水，好處是可以加速融雪，卻會讓輪圈生鏽。輪圈生鏽之後，外表看似把螺絲拴緊，實際上只是把鏽蝕的地方壓扁，並不是真的拴緊輪胎，所以車子開出去沒多久，輪胎就飛出去了。

找到原因之後，要解決問題就很容易了。我跟賣場老闆說，這個狀況很簡單，只要是南方的車子，螺絲都拴緊兩倍，這樣就可以改變震動的頻率。至於北方兩個城市的車子，在換輪胎前先除鏽，除完鏽後再安裝。在這些事故中，員工並沒有犯下任何人為錯誤，出錯的是標準流程的設計。雖然標準流程在全世界都通用，有時候還是要針對各地的情況因地制宜的調整。經過這樣修正之後，這個賣場六年多來沒有出過一次事故，每年也省下一大筆賠償費用。這證明每個錯誤都可以預防，沒有無中生有的錯誤。

最嚴重的錯誤：單項弱點

對大公司來說，幾個輪胎造成的事故並不會因此毀於一旦，但是有種錯誤會嚴重到讓整個計畫、決策、甚至公司毀於瞬間，那就是單項弱點（single point vulnerability）。

單項弱點的概念最早出現在機械設計上。機械在設計的時候，會針對弱點安排備案。舉例來說，因為電容器可以儲電，所以在設備裡加上電容器，當碰到電池短路時，就可以短暫維持設備的運作，撐到電池恢復正常。因為電池是這個設備的弱點，所以特別設計電容器這個防護機制。在一九八七年我們開發的第一代零錯誤方法中，其實就已經考量機器設備的單項弱點。後來到了二〇一三年，我們發現，九〇%的事故都出在人為錯誤的單項弱點，才把單項弱點的概念應用在人為錯誤上。

單項弱點，就是一個單一失效環節，在這個環節上只要有一個致命錯誤存在，或是有無預警的情況發生，那麼整件事就會全盤失敗，不然就是產生無法承受的損失，尤其是風險高（發生機率大）的單項弱點需要特別找出來預防。我們發現，最嚴重的單項弱點，就是經理人和領導人沒能找出他們前一任的負責人該做未做的錯誤。

確實，歷史上所有犯錯最少的領導人幾乎都敗在單項弱點。像是本章一開始提到的亞歷山大大帝，完全沒有想到朋友竟然會用毒酒來殺他；幾乎都沒有打過敗仗的拿破崙，沒想到幾天前才擊敗的普魯士軍隊會突然間冒出來，從毫無防備的左翼攻擊，導致兵敗滑鐵盧；羅馬時代的凱薩大帝（Gaius Julius Caesar）戰績顯赫，還當上元老院的主席，卻沒想到會在元老院開會的時候被其他貴族長老刺殺，如果他有帶刀，或是帶著護衛，就不會讓其他人有機可趁。

企業也時常看得到同樣的例子。例如在中美貿易戰被列為美國首要制裁對象的華為，它的手機與平板有個最大的單項弱點，就是全都使用安卓系統。在自行開發的作業系統還沒經過消費者考驗下，突然間不能使用安卓系統，手機、平板產品線都面臨無法出貨的風險。幸好華為總裁任正非快速研發手機作業系統，及時應變。

另外，創造競爭對手的單項弱點也能帶來競爭優勢。歷史上就有這樣的例子。西元一世紀時，古羅馬統治現在的德國，也就是日耳曼地區（Germania）。羅馬人想要引進租稅與法律制度到日耳曼地區，這讓日耳曼人很不滿，所以羅馬人派了最強的三個軍團要征服日耳曼部落。羅馬的軍隊有刀有槍，而且人數眾多，日耳曼人在那時被稱為「野蠻人」（barbarian），只有弓箭，難以抵擋。不過，日耳曼人裡出現一個單項弱點專家：阿米尼烏斯（Arminius）。

阿米尼烏斯是日耳曼一個部落的酋長兒子，很早就被送到羅馬當成人質。不過他在羅馬時，加入羅馬軍隊的輔助大隊，後來被升到指揮官，受羅馬軍隊的將軍信任。就在羅馬的三個軍團前往日耳曼的途中，他向日耳曼人通風報信，還提供羅馬將軍假消息，把三個軍團引進充滿沼澤的條頓森林（Teutoburg Forest）。羅馬軍隊擅長的打仗方式是戴好鋼盔、盾牌、排好陣仗，然後攻擊，但現在軍隊進入森林裡，隊伍被拆成一小群、一小群人，戰線也因此拉長。正好被埋伏在其中的日耳曼部落襲擊，導致全軍覆沒。

羅馬軍隊原本不會在充滿沼澤的森林裡對戰，但是阿米尼烏斯創造羅馬軍隊這個單項弱點，羅馬帝國的版圖擴張也就此止步。

從假設中尋找單項弱點

在所有錯誤中，單項弱點是最嚴重的錯誤，因此要達到零錯誤，最重要的就是避免單項弱點。只是單項弱點的定義說來簡單，要找出真正的單項弱點並不容易。一般來說，可以用三種方式找出單項弱點。第一種方式是用以前發生過的事故來尋找；第二個則是使用一九七四年麻省理工開發的「失效模式與效應分析」（Failure Mode and Effects Analysis）與「機率風險分析」（Probability Risk Analysis），這是一套複雜而專業的方法，通常用來尋找設備失效的單項弱點；第三個方法則是我們研發團隊開發的「假設法」（Assumption-based Method）。這裡要特別介紹第三種方法，也就是從假設中尋找單項弱點，因為單項弱點最常出現在假設中。

我們的研究發現，好的決策者有能力辨識與管理「關鍵假設」（critical assumption），較差的決策者則不會這樣做。什麼是關鍵假設呢？就是錯誤機率高、造成後果嚴重的假設。只要能夠辨認出這類假設，驗證是否正確，就可以使決策風險降到最低。

那麼在決策計畫中有哪些假設呢？我們公司歸納出五種類型的假設，這五類假設簡稱為眼淚（TEARS），因為沒有弄清楚會讓你掉淚，分別是技術分析與預測

圖 2.1　假設的類型

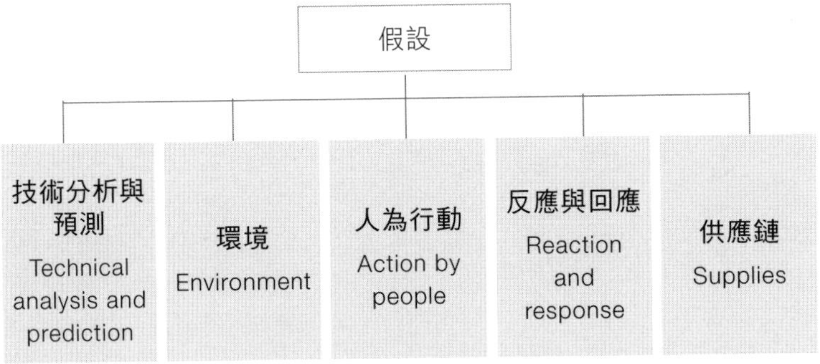

（Technical analysis and prediction）、環境（Environment）、人為行動（Action by people）、反應與回應（Reaction and response）與供應鏈（Supplies）。（見圖2.1）在這五類假設中，總共有二十個面向需要仔細檢視，基於本書的篇幅，在這裡不詳細探討。但這裡要強調的是，在做決策時，只要針對這二十個面向一個一個判斷其中是否有未經證實的假設，就可以找出這個決策的單項弱點。

我們用一萬多個人為錯誤和一百個最大的事件做大數據分析，發現這五個假設類型中，最常見的兩種錯誤假設分別是技術分析與預測，以及人為行動。但以企業和政府制度執行的角度來看，最常出錯的地方是在反應與回應的假設。

現在就用一些大家熟知的例子來談談假設錯誤造成的失敗。

第一個先談技術分析與預測假設的錯誤。大家都知道在第二次世界大戰中，歐洲的軍事強國是德國與法國。一般認為，法國是阻止德國擴張的棋子。但是，法國的戰略分析中有一個假設錯誤，他們認為德國會從馬奇諾防線（Maginot）進入法國，所以重軍都安排在這個防線上。但是德軍忽然繞道，從北方的比利時攻進法國，結果布署在馬其諾防線的軍隊都沒有時間反應，四十六天後法國就投降了。

至於環境假設的錯誤，最有名的就是一九八六年一月二十八日發生的挑戰者號太空梭（Space Shuttle Challenger）爆炸。這是一個與溫度有關的假設錯誤。挑戰者號設計的固態火箭密封圈假定能在任何溫度下防止燃料洩漏，而且有三倍的安全邊際。實際上，這個假設是錯誤的。在發射時，天氣非常冷，橡膠密封圈變硬，燃料洩漏造成了爆炸。

第三個是人為行動的假設錯誤。近期台灣就有一個事件犯了這樣的錯誤，那就是二〇一八年十月二十一日普悠瑪號的出軌事件。錯誤的地方就在於主管機關假設司機一定會照規矩開車，不會關掉列車防護系統（ATP）。

第四個是反應與回應的假設錯誤。二〇一三年Google眼鏡的失敗就是一例。Google錯誤的假設科技人會花一千五百美元買進一個不是非常需要的高科技產品。

第五是供應鏈的假設錯誤，拿破崙就犯過這個錯誤。他在在一八一二年率領七十萬大軍進攻俄國時，假設可以速戰速決，所以只安排短期夠用的補給。但快速打到莫斯科後，遭到俄國的強力抵抗。結果補給不足，又遇到冬天，推進困難，無法再戰，最後只有三萬名法國兵逃離俄國。前面五個例子，都是假設錯誤造成的失敗。假如這些假設都被質疑或經過測試，使得主事者知道假設有錯，馬上就可以改變計畫、漸進行事、設計補救方案或緊急措施，可能就可以避免失敗。伊隆・馬斯克（Elon Musk）也認為假設很重要。他說：「從某個地方開始，然後真正花心思準備質疑你的假設，糾正做錯的事，並根據實際情況調整。」

每個決策都有很多單項弱點，而好的決策者會永遠在人為錯誤裡面看到單項弱點。根據我們麻省理工團隊的研究，發現很多成功企業家在這件事情上做得特別好，像是鴻海創辦人郭台銘。從郭台銘過往的決策來看，他幾乎沒有單項弱點，因為他如果看到有個地方出錯，就會在另一個地方補強，他的決策不會因為一個新的產品上市或一個人為錯誤就失效，他是尋找單項弱點的高手。

許多改變歷史的事件都是因為有人犯下單項弱點的錯誤。例如美國總統林肯（Abraham Lincoln）、甘迺迪（John Kennedy）和披頭四主唱約翰藍儂（John Lennon）被暗殺，都是因為曝露出單項弱點所導致。林肯是和太太與朋友坐在戲院包廂裡看戲的時候被暗殺。當時在門口的守衛覺得一切都很安寧，所以到隔壁酒吧去喝酒。躲在一旁的殺手則趁這時進入包廂，對著林肯的頭部一槍就把他給殺了。林肯盡全力推動人權平等，如果能夠多活幾年，全世界的人權平等都會有更好的進展；甘迺迪則是在坐在車裡的時候被暗殺，當時汽車從一條街轉到另一條街之後，車速大幅降至時速十八公里，剛好給殺手最好的機會。如果車速可以保持在時速三十二公里，或是針對車速過慢的地區和可能有狙擊手的地點進行清查，一般狙擊手無法有可趁之機。甘迺迪反對美國參加越戰，如果可以多活幾年，就可以避免越南出現許多無辜的傷亡；約翰．藍儂則是在晚上錄音完回家時，被在家門口等待的歌迷開了五槍。他是和平、反越戰的支持者。如果他聽了朋友與太太的建議帶了保鏢，槍手就沒有機會下手。如果他能夠多活幾年，人類就更加了解這個世界需要的是和平。

有一次我跟一個美國潛水艇製造商總經理吃飯，他是我們零錯誤培訓班最好的學生。吃飯時，我恭喜他在五年內連升三級，他只是笑著說：「我從培訓班出來，每天晚上都用你的方法分析檢討自己的錯誤，每天早上都先想可能會犯那些單項弱點的錯誤，現在都不會犯下大錯了。不過我在公司的對手，在上你的課第二天就翹課了，他一翹課，就讓我有機會超越他了，翹課可能就是他那天的單項弱點。」

為了強調單項弱點這個概念的重要性，這裡再提一個讓我印象深刻的單項弱點案例。這是發生在一九八二年美國最具歷史的汽車公司，也是豪華車代表的凱迪拉克。當時所有汽車的雨刷設計都是兩支雨刷、兩個馬達，凱迪拉克的汽車設計部門為了節省成本，設計出只配備一支特殊雨刷的汽車。為此，他們還特地買下一家雨刷工廠，專門生產新雨刷，就在準備開始量產時，雨刷工廠突然發生大火，整個廠房全部燒掉。因為全世界只有這家工廠製造這支特殊的雨刷，完全沒有其他工廠可以生產相同的產品，市面上也沒有其他產品可以替代，結果一堆少了雨刷的凱迪拉克全都堆放在倉庫裡，導致凱迪拉克公司一度瀕臨破產。這個事件暴露出凱迪拉克的單項弱點：雨刷只交給一家廠商生產。這個事件後來也成為美國商學院企業管理課程的經典案例。

我輔導的所有零錯誤公司會思考每個決策的單項弱點，而且每天早上都會對此開會討論，每個部門的經理要談自己今天的單項弱點，每個小組長也要談自己的單項弱點，每個人都要看自己工作的單項弱點。因此我建議每個人每天都要思考自己有什麼單項弱點。

美國最大電廠美國電力公司（American Electric Power, AEP）前董事長羅伯・鮑爾斯（R. Powers）是我的學生，他設計一份單項弱點提醒單，每天都寫下自己的單項弱點，以及在工作上的單項弱點。（見表2.1）另外我也建議，在做決策時要寫下決策分析單，分析決策的長期風險、短期風險、單項弱點、有什麼假設等等，如果這個決策有錯誤，也要寫下停損的條件，這樣才能預防嚴重的錯誤。（見表2.2）

人為錯誤的三大類型

從過往的國家發展與企業經營來看，三千年來，人為錯誤都沒什麼變化。第一個零錯誤思維說：只要是人，就會犯錯。所以了解人為錯誤的根源非常重要。在第一代零錯誤方法中，我們根據工作需要耗費的注意力程度（attention）與熟悉程度（familiarity）將人為錯誤分成三類，包括知識型錯誤（knowledge-based errors）、規則型錯誤（rule-based errors）與技術型錯誤（skilled-based errors）。（見圖2.2）這三種類型的錯誤來源完全不同，犯錯的機率不同，解決與預防的方法也完全不同。這是延斯・拉斯穆森（Jens Rasmussen）在一九八三年提出的分類。

表 2.1 每天寫下單項弱點

■單項弱點提醒單

你今天的生活有什麼單項弱點？

____

____

____

____

____

____

你今天在工作上有什麼單項弱點？

____

____

____

____

____

____

表 2.2 每個決策都要做分析

■決策分析單

1. 這個決策有什麼長期風險？

---

2. 這個決策有什麼短期風險？

---

3. 這個決策有什麼單項弱點？

---

4. 這個決策考慮哪些東西？

---

5. 這個決策沒有考慮哪些東西？

---

6. 這個決策有什麼假設？

---

7. 這些假設有沒有經過證實？

---

8. 如果假設沒有經過證實，有沒有別的計畫或備案？

---

9. 如果決策有錯，停損點在哪裡？

圖 2.2　三種人為錯誤

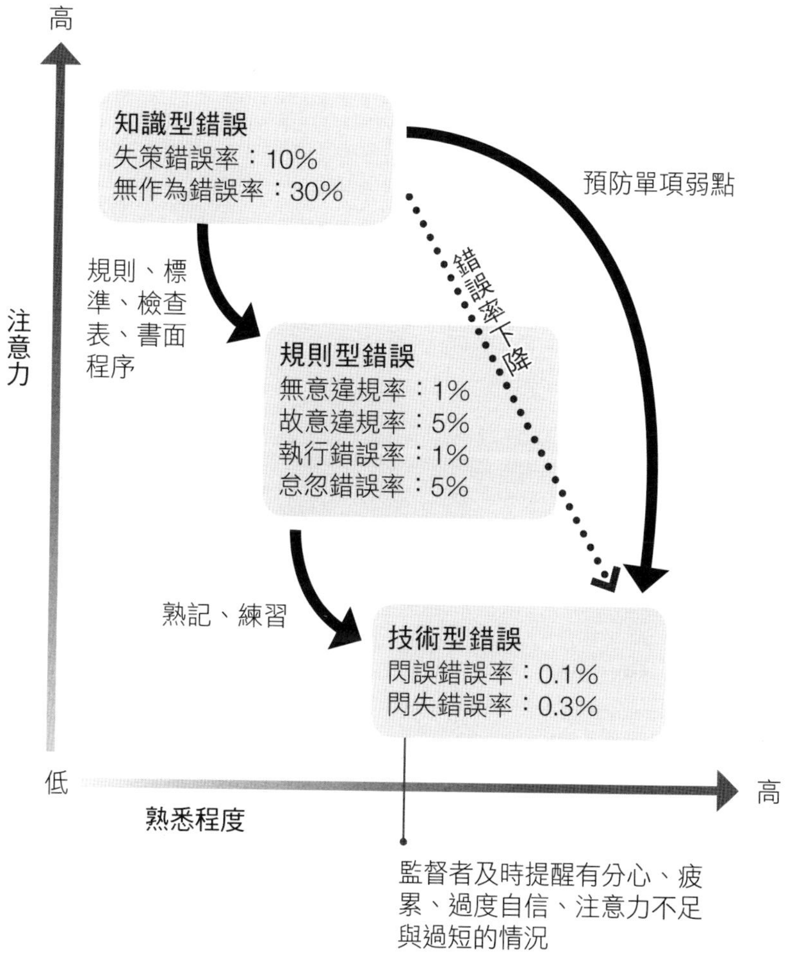
高
注意力
低
熟悉程度
高
知識型錯誤
失策錯誤率：10%
無作為錯誤率：30%
規則、標準、檢查表、書面程序
規則型錯誤
無意違規率：1%
故意違規率：5%
執行錯誤率：1%
怠忽錯誤率：5%
熟記、練習
技術型錯誤
閃誤錯誤率：0.1%
閃失錯誤率：0.3%
錯誤率下降
預防單項弱點
監督者及時提醒有分心、疲累、過度自信、注意力不足與過短的情況我們延續他的研究，繼續深入的探討這些錯誤類型，並進行大數據分析。

知識型錯誤發生在知識型工作中，知識型工作需要很高的注意力、熟悉程度較低，包括做決策、解決問題、談判、分析、審查、設計、計畫、危機處理等等，因為沒有規則可循，難度最高，錯誤率也最高。舉例來說，研判一個新市場是否值得投資通常沒有操作手冊，也沒有程序步驟，必須依靠各種知識與經驗才能做出正確判斷。

規則型錯誤則出現在規則型工作中，需要中等的注意力與熟悉程度，這類工作通常都有固定的執行準則與流程，像是設定好標準作業流程（SOP），因此出錯的機率也比知識型錯誤還低。

將規則性的工作重複一千遍，就可以提升熟悉度，變成技術，就是技術型工作。這類工作需要的專注程度很低，而且通常已經高度熟練，例如開車、打球、鎖螺絲、煮飯、洗碗等等。在技術型工作中犯的錯就是技術型錯誤。因為熟悉度非常高，因此犯錯機率更低。

表 2.3　三種錯誤的分類

	要做做錯	該做未做
知識型錯誤	失策錯誤	無作為錯誤
規則型錯誤	執行錯誤	怠忽錯誤
技術型錯誤	閃誤錯誤	閃失錯誤

第一章提過，錯誤有兩個形式，一個是該做未做，一個是要做做錯。因此在這兩個錯誤形式的基礎上，我們可以將這三類錯誤進一步區分。（見表2.3）該做未做的知識型錯誤，我們稱為無作為錯誤（inaction error），這種錯誤經常是因為無作為、猶豫不決的態度、懶惰或故步自封，導致錯失先機，我們的統計顯示，無作為錯誤的錯誤機率最高，高達二〇%；要做做錯的知識型錯誤則稱為失策錯誤（mistake error），這是說雖然已經決定採取行動，但卻因為資訊不正確或沒有經過測試就貿然行動而導致的錯誤，錯誤機率較低，但也達一〇%。決策錯誤、計畫錯誤、談判錯誤都是失策錯誤。

規則型錯誤也分成兩類，要做做錯的規則型錯誤稱為執行錯誤（application error），這是按照規定做事但卻做錯的錯誤，這類錯誤的錯誤機率大概是一％；該做未做的規則型錯誤則叫做怠忽錯誤（dereliction error），就跟怠工一樣，規定要做的事情沒有做，這樣的錯誤機率是五％。另外，在規則型錯誤裡，還可以分成故意違規與無意違規。舉例來說，雖然明知闖紅燈違規，但還是僥倖闖了過去，就是故意違規；如果是因為接電話而不小心闖了紅燈，這就是無意違規。以錯誤機率來看，故意違規的錯誤機率較高，是五％，無意違規的錯誤機率大概是一％。第六章會更深入介紹。

最後是技術型錯誤。要做做錯的技術型錯誤稱為閃誤錯誤（slip error），這種錯誤率很低，約〇・一％；而該做未做的技術型錯誤叫做閃失錯誤（lapse error），例如開車忘了打方向燈，而不是打錯方向燈，這種錯誤率也很低，只有〇・三％。

為什麼人類會犯下這些錯誤呢？我們的研究發現，基本上不脫下列三類因素。

一、**天生因素：**包括個性（態度）、性別、大腦的多樣性與大腦的局限。

二、**後天形成的因素：**包括心態、個性（態度）、個人特質、疾病與思考流程的缺失。

三、**外部因素：**與時間、行動、個人與環境相關的因素。

這些因素會造成不同類型的錯誤發生，我們會在後面的章節詳細說明。

員工平均一天會犯七個錯誤

為了研究人為錯誤，我們在十七個公司做了大量的追蹤和問卷，看這些公司在沒有使用零錯誤的方法下，錯誤機率和錯誤類型的變化。從大數據分析中，我們發現，在一個有成熟規章制度的公司裡，一個員工平均一天會犯七個錯誤。平均有三個錯誤是該做未做的錯誤，四個是要做做錯的錯誤。一般來說，在公司裡，規定要做的事比沒有規定要做的事還多，所以雖然該做未做的錯誤機率較高，但實際的犯錯數量比較少。不過，每個錯誤對個人或公司都有負面的影響。運氣不好，剛好在單項弱點上犯錯，就會發生事故。

如果從錯誤的類型來看，我們發現，在這七個錯誤中，四〇％是規則型錯誤，三五％是技術型錯誤，二五％是知識型錯誤，常犯的錯誤包括：

- **技術型錯誤**：忘了定期交報告、重要資訊沒有查證、數據抄錯、用錯工具、作業程序書拿錯等等。
- **規則型錯誤**：沒有按照標準作業流程工作、沒有按照審查方案審查、沒有按照要求設計、沒有按照規定檢修等等。
- **知識型錯誤**：資料不齊全就做決定、沒想清楚失效模式就想解決問題、計畫中的假設未經證實、重要機會沒有利用、決策沒有考慮長期的影響等等。

如果單從決策者的角度來看，決策者犯的錯誤都是知識型錯誤，平均每天犯下五到七個錯誤，大部分都是該做未做的錯誤。我們發現，當公司在草創時期和轉型的時候，因為時空變化很大，決策錯誤的機率比一般公司大很多。這就可以解釋七五％有創業基金支持的新創公司和六〇％的轉型公司都面臨失敗的原因。

使用零錯誤的方法，可以讓員工每天的犯錯數量降到幾乎等於零。

有一次，在一個資深經理的培訓課上，一位資深經理問我：「犯錯對公司有什麼影響？」我想了一下，說這個問題非常好，我可以用一個例子來解釋。我跟他說：「你的公司有一千個員工，每人每天犯七個錯，就好像在公司裡埋下七千顆未爆彈。如果是在單項弱點上犯錯，那就像在引爆一顆原子彈。有些地雷在埋下沒多久就會引爆，產生損失。但是很多未爆彈要很久以後才會引爆。雖然公司會安排一些掃除未爆彈的措施，但是當錯誤持續累積，可能引爆的未爆彈愈來愈多，引爆的機率就會愈來愈大，而且炸彈的威力也會愈來愈多。到最後，公司一定會出問題。」

我還提到，最危險的錯誤，就是有潛伏期的錯誤，譬如作業程序書寫錯，用了錯誤的假設做決策，在執行新制度時，沒有考慮先採取試點措施，漸進推廣。試點措施是指先在較小的範圍測試新制度的可行性，在全面推廣前把優缺點找出來，加以改進。漸進推廣的目的是要了解組織的接受程度，要根據接受程度來調整推廣的範圍。這些錯誤隱藏在公司裡，可能三、四年後才會出現問題。我們發現潛伏最久的錯誤就是該做未做的知識型錯誤。一旦犯下這種錯誤，不但員工不知道如何找出問題，決策者更不知道他已經犯了錯。

這位資深經理聽完以後說：「邱博士，那零錯誤的方法怎麼幫助我們？」我說：「零錯誤的基本觀念就是從一開始就不埋下未爆彈。就算公司本來有些未爆彈，也可以透過零錯誤方法及時發現未爆彈，安全移除。」

又有一位資深經理問我：「邱博士，為什麼我的公司會發生愈來愈多事故？我們的員工為了解決這些問題疲於奔命，但是需要解決的問題愈來愈多。」我跟他說：「這個現象可以用單項弱點的總量來解釋。公司每位員工每天都在犯錯，有時是寫錯程序書、有時是決策錯誤、有時是組織設計上有缺陷，這些錯誤中有些是單項弱點，這樣一來，如果不幸再出現一些錯誤，或是發生無法預測的情況，那麼沒

圖 2.3　公司中的單項弱點總量

有預防措施的單項弱點就會導致事故發生。所以，公司中的單項弱點總量會愈來愈多。當然，如果事故的根本原因分析做得好，在發生事故之後，這些隱藏的單項弱點就會凸顯出來，就可以做出改進，減少單項弱點。公司發生事故的機率和單項弱點的數量成正比。如果你的公司發生事故的機率愈來愈高，簡單來說，就是單項弱點的增加速度超過消除速度。」

那位經理又問我說：「那要怎麼快速減少單項弱點總量呢？」我說：「只有三種方法：第一種方法是每個員工都用零錯誤的方法，減少錯誤的發生；第二種方法是做好根本原因分析；第三種方法則是主動的審查組織、制度和決策，挖掘出隱藏的單項弱點。」我又提到：「一般公司只要用前兩個方法就夠了，但是如果發生事故的機率愈來愈高，導致公司快要倒閉，就一定要同時採用第三種方法。」

如何藉由建立制度與反覆練習來預防犯錯？

在三種錯誤類型中，知識型錯誤的錯誤率最高，規則型錯誤其次，技術型錯誤最低，因此，為了達到零錯誤，最好的辦法就是把工作類型轉化，把知識型工作變成規則型工作，再把規則型工作變成技術型工作，這樣就可以大幅降低錯誤率。

但知識型工作要寫成制式的規則，難度非常高，因為變數太多。像打仗、下棋這樣的知識型工作，因為有可能出現各種情況，很難制定一套必勝法則，只能根據各種知識、經驗去做決策。

不過，我們團隊發展出一套將知識型工作變成規則型工作的流程，這套流程有些複雜，不過我在這裡簡單說明這套方法：首先必須將知識型工作先簡化成多個小區塊，範圍變小後，變數也會同時變少，再從變數少的小區塊著手，將其規則化。但是，如果規則型錯誤的比例超過一%，就表示這個規則是無效的，必須重新修訂規則。

舉例而言，要將決策寫成法規，變數多、複雜度高，為了簡化，可以進一步將決策區分為主動決策和被動決策。當企業發生問題或遇到危機，被迫要做出決策，解決問題時，這叫做被動決策。主動決策則正好相反，在沒有其他人逼迫下，在企業一帆風順時先未雨綢繆做出正確的決策。

如果企業能夠化被動決策為主動決策，寫成固定的規則，每個月固定開會，大家一起討論規定的項目，例如檢討市場未來發展、追蹤競爭對手……等，而且將決策再細分成更小的區塊，轉化成更多的標準作業流程，那麼錯誤率就可以從一〇％降為一％，將錯誤減少到十分之一。

要減少規則型錯誤，我們建議一個方法：大量重複的練習正確的行為。技術型錯誤之所以錯誤率低，是因為經過大量重複的練習。一件事情如果做了一千遍，保證跟亞歷山大大帝一樣零錯誤。球王老虎・伍茲（Tiger Woods）之所以能夠成為傳奇，魔鬼般的訓練是不可少的過程。在好的教練指導下，每天至少練習揮桿一千次，如此重複一千遍，總計練習一百萬次，熟悉度自然達到極致。另外一個方法是把規則步驟寫成流程表，照表操課，重複執行相同的流程，這樣犯錯的機率自然就變小了。

要減少技術型錯誤，可以從改善工作環境、確認工作時身體狀況符合標準，以及將重要工作排在錯誤率少的時段（如上午或下午七點至八點）等方法來做起。必須了解會造成犯錯的情況，例如分心、體力不濟、壓力帶來的慌亂等，如果前一晚熬夜，注意力不集中，這時為了防止錯誤發生，就必須找其他人來接替工作。

如果將知識型工作全都轉換成規則型工作，而且把這項規則型工作做了一千次以上，就可以將規則型工作轉換成技術型工作，犯錯機率就會更加壓低。不過，開車可以開一千次，倒茶可以倒一千次，倒茶、開車的錯誤當然可以控制。然而大部分的工作並無法重複做一千次，在世界變化如此快速的情況下，一個決策能夠重複做五次就很難得了。大部分的事情都無法重複做一千次，因此大部分的錯誤，還是集中在規則型錯誤。

如何用方法養成零錯誤的習慣？

後面會談到怎麼改進企業制度來預防錯誤。現在先談談用方法養成零錯誤習慣來預防錯誤。我和團隊常常注意到，一些成功人士不知不覺就養成零錯誤的習慣。舉個例子，我記得四十年前和高通（Qualcomm）創辦人爾文・雅各布（Irwin Jacobs）在麻省理工學院吃飯時，注意到他離開餐桌時會對我說：「有沒有忘記東西？」（Anything missing?）有時與他討論事情時，也會聽他說：「還漏了什麼嗎？」（Anything missing?）這句話的意思是說：我們還有什麼事沒有討論？後來我們都搬到拉霍亞（La Jolla），他也創立高通公司。因為我們是鄰居，見面的時間也多了。我發現「Anything missing?」是他的口頭禪。有一次聽音樂會，聽他問聖地牙哥的交響樂團指揮：「還缺什麼嗎？」（Anything missing?）我事後問他，為什麼要問：「還缺什麼嗎？」（Anything missing?）他說他很早就發現我們常常在浪費生命找東西，而且出錯最多的地方就在於自己的疏忽。這句話可以用在各種工作場合，提醒大家與自己，事情不是愈快做完愈好。後來我聽說，他捐了一億美元給聖地牙哥的交響樂團，解決他們很多問題。

總之，成功的領導人都在不知不覺中認知到零錯誤方法，知道自己或團隊常犯的錯誤和心態。他們長期養成一些零錯誤的習慣來預防錯誤。有的是用言語，有的是用提醒卡，有的是用重複的行動。我們知道有些研究提到，有了認知後，要做一百次重複的行動才能養成習慣。這個從反省到認知到習慣的過程是很漫長的，不是每一個人都可以做到，所以只有少數人成功了。

我們在成功的領導人中看到下列的零錯誤習慣：

一、尋找缺失的習慣

二、挑戰假設的習慣

三、單項弱點管理的習慣

四、創造機會的習慣

五、尋求知識的習慣
六、培養人才的習慣
七、建立互補團隊的習慣
八、發現與分析錯誤的習慣
九、注重建立公平獎懲制度的習慣
十、簡化制度的習慣

暢銷書作家史蒂芬・柯維（Stephen Covey）在一九八九年也提出七個成功人士的習慣，但是三十年來很多學生問我這些習慣怎麼養成？書裡沒有明確的方法讓大家養成這七個成功人士的習慣。我們發現，習慣的養成有兩種方法，一種是心理嚮往而產生習慣，一個是利用方法來產生習慣。心理嚮往產生的習慣是一個漸進式的養成方式。利用方法來產生的習慣則可以立即養成。如果沒有很好的方法論，絕對不會很快的養成習慣。舉例來說，要讓員工養成良好的鎖螺絲習慣，讓螺絲不會鬆脫或過緊，這是很困難的事。每個員工都先要知道怎麼鎖螺絲，再從失敗和成功的經驗裡去養成習慣。心理嚮往而產生的習慣至少要花三、四年，但是利用方法產生的習慣可以很快養成。我們可以寫一個流程來告訴大家怎麼按部就班的鎖好螺絲，讓大家在第二天就能養成這個習慣。

再舉一個例子，美國教育界在十年前出現一陣熱潮，這個熱潮起源於賓州大學針對成功理念的研究，他們發現「恆毅力」（Grit）是成功最重要的心態。所以許多教育學家就把這個觀念用來教育窮苦的小孩。短期來看，這個實驗很成功，把大學錄取率從二五％提高到八五％。然而，後來的追蹤發現，實驗裡第一批考上大學的學生只有二五％是應屆畢業。這個例子同樣告訴我們，從心態培養習慣，再從習慣得到成效，這是非常漫長的路，也不是一個有效的途徑。

我們的零錯誤方法則是用方法論來引導行為，一個人只要開始去做，就可以馬上改變思維習慣，所以大家都有希望可以立即成功。

因此，我們把前面少數成功人士很難養成的十個習慣，用大數據資料找到實踐方法，變成十個零錯誤的方法：

一、尋找缺失的方法
二、挑戰假設的方法
三、管理單項弱點的方法
四、防止因為錯失機會而犯錯的方法
五、防止未追求知識而犯錯的方法
六、防止未培養人才而犯錯的方法
七、建立互補團隊的方法
八、發現錯誤與進行分析的方法
九、防止因為不公平獎懲制度而犯錯的方法
十、防止因為複雜制度而犯錯的方法

這麼一來，成功不只是少數人的專利，大家都能成功。透過零錯誤方法可以立即達到成效。從改變心態，進而養成習慣，然後達到成效，這樣的進步很緩慢，但是如果是擁有一套方法，就可以立即回饋改進，習慣和心態在時間和空間上都做不到。

本章練習

- 請列出過去犯下最嚴重的三個錯誤，這三個錯誤是知識型錯誤、規則型錯誤，還是技術型錯誤？
- 這三個錯誤可以預防嗎？

Chapter 3

認清人性特質

要做到零錯誤，第一關就是認識自己。

說起科技界的傳奇，大家一定會想到賈伯斯，他推出麥金塔電腦（Macintosh）的時候，意氣風發，各大財經媒體爭相採訪。但是，人生的上半場才過一半，卻因為第一代麥金塔電腦銷售不佳，被自己引進的專業經理人開除，真可說是「成也賈伯斯，敗也賈伯斯」。不過，蘋果公司的發展並沒有因此一帆風順，十一年後，就在經營岌岌可危之際，賈伯斯回鍋，結果蘋果就此谷底翻身，接連推出iPod、iPhone、iPad等創新產品。在眾人的驚嘆聲中將蘋果推向顛峰。

究竟是什麼原因讓賈伯斯成功華麗轉身？賈伯斯又有什麼特質，可以帶領蘋果公司成為全世界市值最高的公司？

我們分析賈伯斯的成功史，發現他的錯誤率非常低。而且他可以從被蘋果開除的谷底鹹魚翻身，關鍵就在於他會不停重新「認識自己、分析自己」，徹底解構自己的「能與不能」，進而把蘋果公司改造成一間零錯誤企業。

所以，要做到零錯誤，第一關就是認識自己。

你是左腦思考，還是右腦思考？

該如何認識自己呢？我們的大數據研究發現，一個人常犯的錯誤類型與本身的個性和思考模式密切相關。因此，我們以個性和思考模式兩個指標來區分每個人：以個性來說，可以分成內向型（introverts）與外向型（extroverts）；以思考類型來看，則可以分成左腦思考與右腦思考。因此每個人都可以分成四種類型：左腦內向、左腦外向、右腦內向、右腦外向。

在科學上，左腦思考與右腦思考的定義非常含糊，但我們開發出一張圖，可以精確檢測出一個人是左腦思考，還是右腦思考。

現在來看圖3.1，你第一眼覺得這個人看的是正面，還是旁邊？如果你覺得他是「正面」看著你，那你就是右腦思考，如果你覺得他是「側臉」看著你，那你就是左腦思考。右腦與左腦思考有什麼不同呢？右腦思考在接收訊息時，會以大視野、大方向為主，所以看一件事情會先看全局、全貌，再看細節；而左腦思考正好相

圖 3.1　你第一眼覺得這個人看的是正面，還是旁邊？

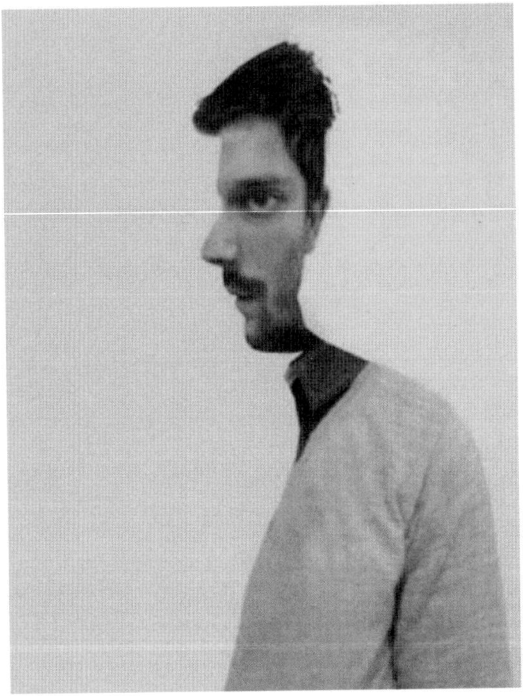

反，會先看細節，後看全貌。簡單來說，左腦思考容易「見樹不見林」，右腦思考則可能「見林不見樹」。

右腦思考是用符號、圖像的方式，來處理所接收的訊息。因此，知覺和想像力較強、不拘泥於局部分析，較具創造性，往往會統觀全局及大膽猜測，屬於直覺型認知。而左腦思考則擅長用歸納、因果分析的方式處理訊息，因此邏輯性強，對於細節掌握度較佳。（見圖3.2）

一般而言，擅長左腦思考的人，大多不習慣右腦模式，所以比較容易犯下與全局相關的錯誤。反之，喜歡右腦思考的人，較少啟動左腦模式，因此比較容易犯下與細節相關的錯誤。我們公司在二〇一一年曾針對一千一百四十位工程審核人員、品管與品保人員，以及根本原因分析調查員進行調查。結果發現右腦思考比左腦思考更容易犯下要做做錯的錯誤（高出二・四倍），而左腦思考比右腦思考更容易犯下該做未做的錯誤（高出三・五倍）。

說到右腦思考與左腦思考的代表人物，就一定要提到兩大科技巨擘、也是競爭

圖 3.2　左腦思考與右腦思考的特點

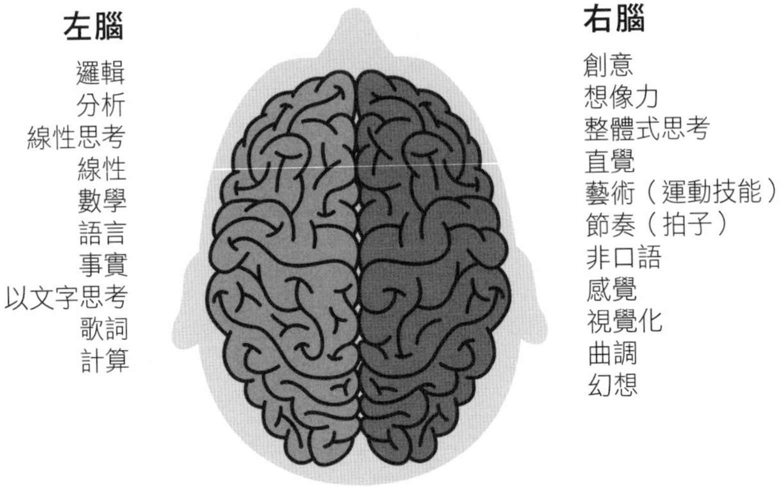

對手的賈伯斯與比爾蓋茲（Bill Gates）。

賈伯斯是個夢想家，擅長設定大目標、大方向，對於枝微末節則是不拘小節。相反的，比爾蓋茲則是典型的左腦思維，非常注重邏輯與實務，從兩人所創立的公司與推出的產品風格，也明顯反映出他們思考模式的不同。不過，他們都創造出獨特的零錯誤公司。

我們認為他們都是擁有零錯誤思維的領導人。賈伯斯說過：「一路上會犯一些錯，這樣很好。因為這表示正在做出一些決定。我們發現有錯，而且做出修正。」比爾蓋茲也說過：「所有成功公司的關鍵就在於能從錯誤中學習，並不斷改良產品。」

你是內向的人？還是外向的人？

從個性來看，外向型的人與內向型的人也有明顯不同。外向型的人專注於外在

表 3.1　外向型與內向型的特質

外向型人格特質	內向型人格特質
● 有活力	● 很安靜
● 說的比聽的多	● 聽的比說的多
● 先行動，然後思考	● 在腦袋裡安靜的思考
● 喜歡在人群中	● 先思考，然後行動
● 偏好公眾服務	● 單獨一個人時感覺很自在
● 有時很容易分心	● 偏好幕後工作
● 喜歡同時做很多事	● 有很好的專注力
● 開朗而熱情	● 喜歡一次專注在一件事情上
	● 獨立而拘謹

的人事物，會根據外部的趨勢與資訊來做出選擇或判斷。他們長袖善舞，往往是社交高手。內向型的人則專注於自己的想法、經驗和感覺，擅長出謀劃策，扮演幕後軍師的角色。（見表3.1）

內向型的人在做決策時，傾向以個人想法或過往經驗為主，在牽涉到人際關係的相關事務上很容易出錯，包括溝通、協商、控制上；外向型的人則很容易會拿其他人或外部資訊當作參考，不停關注別人在做什麼，喜歡跟隨市場的腳步或風向。因此，在決策、解決問題、規劃等需要邏輯分析的事務上表現較弱。

外向型的人喜歡跟隨市場趨勢，當個追隨者，然而追隨者很難做到突破性創新。賈伯斯開啟智慧型手機的全觸控時代，顛覆所有人的想像。當時市場上的主流手機產品，不管是諾基亞推出的手機還是黑莓機，全都是按鍵式，只有賈伯斯一人橫空而出，堅持全觸控手機。倘若賈伯斯是外向型人物，恐怕現今手機仍停留在按鍵時代。

我擔任過好幾家公司的總裁、副總裁，管理過的員工也不少，我只要和員工聊十分鐘就可以知道他是不是在正確的職位上。有些擁有工程師性格的人跑去當業務，業務性格的人跑去當工程師，問題都出在不認識自己，不知道自己的強項與弱點，錯誤自然層出不窮。

因此，如何達到零錯誤？第一關就是認識自己。如果是左腦內向的人，很容易犯下與全局有關和人際關係相關的錯誤；如果是左腦外向的人，很容易犯下與全局有關和分析類的錯誤；如果是右腦內向的人，很容易犯下與細節有關和人際關係相

圖 3.3 認識自己最容易犯下的錯誤

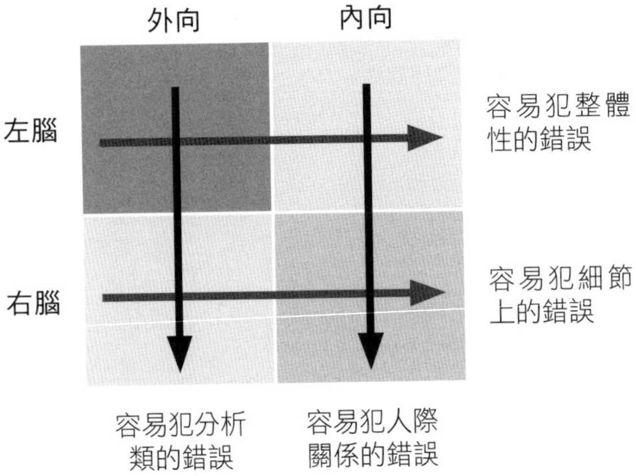

關的錯誤；至於右腦外向的人，則很容易犯下與細節有關和分析類的錯誤。（見圖3.3）。了解自己或其他人的弱點，就愈能知道如何防範可能的錯誤，愈了解自己或其他人的特質與強項，就愈能從事最擅長的工作。

尋找個性與思考模式互補的人

所謂「江山易改，本性難移」，既然每個人的天性都有容易犯錯的地方，那該如何補救呢？

一個方法就是求助個性與思考模式都互補的人。

把這件事情做得最好的就是賈伯斯。也許很多人以為賈伯斯的成功只在於堅持自己的創見，不過絕對不要忽略他的用人功力。在一九八〇年代的電腦界，清一色都是由典型的ＩＢＭ工程師所主導，這些人都是男性、著深色西裝、頭髮灰白。但是賈伯斯開發麥金塔電腦的五十一人團隊卻完全顛覆電腦工程師的傳統形象，團隊裡面有十八位女性，三十三位男性，平均年齡只有三十三歲，這個團隊就是引發熱議的「麥金塔驚奇團隊」（Macintosh wonder team）。

當外界持續看衰「麥金塔驚奇團隊」的時候，從不在乎世俗眼光、不人云亦云的賈伯斯依然堅定，「我就是要這樣的人，只有他們才能講出下一代的故事。」這支驚奇團隊一炮而紅，因為團隊裡有多樣化的人才，賈伯斯善用每個人的優勢，組成一個無法擊敗的零錯誤團隊。

賈伯斯不僅認識自己、了解自己，也非常了解每一位團隊成員與合作夥伴。他創立蘋果電腦時，找到的合夥人是史蒂芬・沃茲尼克（Stephen Wozniak），這個人是左腦內向型的人，與賈伯斯的思考模式南轅北轍，他們合作無間，將蘋果電腦打造成全球影響力最大的科技公司。這樣的用人學，讓同為科技界傳奇的比爾蓋茲大為折服。二〇一九年七月，比爾蓋茲在CNN的《法理德‧札卡瑞亞的環球廣場》（*Fareed Zakaria GPS*）節目中接受訪問時談起賈伯斯，特別提到賈伯斯最厲害之處就在「用人」，他認為：「在挑選人才和激勵人才上，」沒有人可以和賈伯斯匹敵。

不過比爾蓋茲的用人智慧也不差，他在挑選創業夥伴時，找的並不是跟自己個性接近的人，而是選擇一個可以永遠挑戰自己的保羅‧艾倫（Paul Allen）。艾倫是外向右腦思考的人，剛好與內向左腦思考的比爾蓋茲完美互補，最終推動微軟成為世界上最成功的軟體公司。

相較之下，很多經營失敗的公司都出在同質性太強的領導階層。在微軟之前，最大的軟體公司是王安創立的「王安實驗室」，他的團隊成員清一色都是哈佛高材生，和王安有相同的思考模式。果不其然，不到三年的時間就被微軟超越。

企業最怕「一言堂」。從零錯誤思維的角度，「一言堂」指的是同質性高，思考模式都相同，缺乏互相挑戰的團隊或企業。一旦一家公司變成一言堂，決策就會開始不斷出錯，判斷總是失準，直至失敗，這是不變的定律。如果跟賈伯斯工作過就知道，賈伯斯的脾氣暴躁，讓很多人都受不了，但是即使每一場會議都是以吵架收場，由於賈伯斯愛惜人才，接受其他人的提議，總能做出較好的決策。因此，能夠互相挑戰的團隊與公司，犯錯的機率也相對較低。

一家企業成功與否，許多研究認為與領導者的風格密切相關。然而，我們的研究卻發現，無論領導團隊是中央集權、還是權力下放，不論是三層負責、還是五層負責，不論是鼓勵型的老闆，或是厲聲言詞的老闆，不論是華人公司模式，或是歐美公司模式，每種模式都有成功的公司，而且成功的機率都差不多。企業成功與否的關鍵在於，領導者犯了多少錯誤、企業犯了多少錯誤。麻省理工畢業的台積電創辦人張忠謀與鴻海創辦人郭台銘是截然不同的領導風格，但是兩人創辦的公司卻同樣成功。賈伯斯即使專制如暴君，依舊不影響他一手打造蘋果成為史上最成功的企業之一，這些公司全都是零錯誤企業。

因此，對個人來說，了解自己屬於哪種類型的人，可以避免犯錯，也可以尋找有互補性格的朋友幫忙，來避免錯誤。對企業來說，組成一支囊括各種類型的團隊成員，就可以打造出零錯誤團隊。

內向左腦思考的領導人，可以尋找外向右腦思考的領導人來幫忙；因為內向左腦思考的人很容易犯下與溝通和人際關係有關的錯誤，而且看不到全局，這時，外向右腦思考的人就可以發揮長處。就像圖3.4，對一家企業來說，領導團隊成員在思考模式與個性上的互補非常重要。

我們研究團隊發現，華人領導人跟歐美領導人有個很大的分別，就是團隊的組成。歐美領導人從小就在球場或團體活動中感覺到團員互補的重要，但是多數華人領導人以前是優秀的學生，大部分的時間不在球場或是參加團體活動，而是在補習班，不能了解到團員互補的重要。這一點是好學生出身的華人領導需要注意的事。

就以我為例，我是一個外向左腦思考的人，因為我找不到內向右腦思考的人當

圖 3.4　尋找思考模式與個性互補的團隊

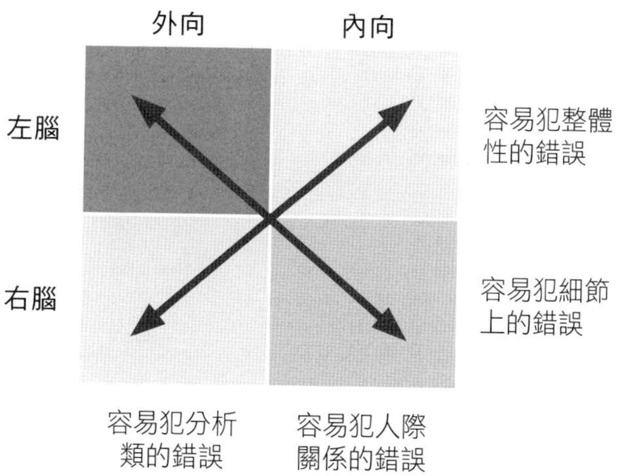

合作夥伴，所以我的副手現在有兩位，一位是內向左腦思考，一位則是外向右腦思考，他們個別都補足我的一部分不足。而且我不在公司的時候，他們也可以互補。因此，領導者要達到零錯誤，必須找思考模式截然不同的副手來互補。左腦右腦同等重要，一個有邏輯，一個有大方向，不能只看大方向沒有邏輯，或只看邏輯沒有大方向。創新與市場敏感度也是同等重要、缺一不可，因此，四大區塊必須維持平衡。

個人要認識自己，組織也要認識自己。組織不只要了解每一位員工的特質，還得了解整個團隊的特質。如果團隊成員全部都是內向左腦思考，可以預見將會時常發生與人際關係有關的錯誤，因為完全沒有互補的人可以幫忙彌補錯誤。

我們分析過一家財務公司，發現他的員工高達八〇%都是外向右腦思考的人，左腦思考的人占比非常低。可以想見，這家公司的錯誤全部集中在與細節、數字相關的分析，原因在於，員工的思考模式過度集中於右腦思考模式。後來這家公司幾乎破產，因為在計算利息和股票進出場的時機點上出錯。最後，這家公司引進幾位左腦思考的經理人，負責軟體計算，才解決問題。

我們常分析各種的成功企業，卻從未正確掌握背後成功的模式，其實就是「零錯誤」。要將「零錯誤」方法化、習慣化、制度化，到最後變成一種文化。一旦知道「零錯誤」才是企業的成功模式，就能完美複製。

自己檢討分析小錯誤，才能防止大錯誤

知道自己與團隊成員的本性之後，接下來進入零錯誤的第二關卡，就是檢討分析每個錯誤，一般人都知道檢討的重要，但只有極少數人知道怎麼分析。尤其從檢討分析小錯誤開始，因為每個小錯誤都是犯下大錯誤的前兆。這裡先要說明大錯誤與小錯誤的差別在於產生後果的嚴重程度。小錯誤造成的傷害很小，大錯誤可能造成大災難。就算是同一種錯誤，在兩個截然不同的時空背景下，一個可能只是輕微的小插曲，另一個卻可能會釀成大禍。

例如，同樣是分心忘記帶手機，在平常的時間裡，可能只是老闆同事聯絡不到你，漏掉當日交辦事項；但如果你正好在國外接洽一位重要客戶，很可能就會丟失年度大單，甚至還可能因此工作不保。

又或者，同樣是在分心的狀態開車經過一個車水馬龍、交通繁忙的十字路口，可能會造成重大人員傷亡；但如果開在一條人煙稀少的鄉間小路，也許只是造成自

己輕微的小擦傷。雖然犯的是同樣的錯誤，後果的嚴重程度卻天差地遠。

能夠在乎每一個小錯誤、養成檢討分析的方法與習慣，並找出方法補救、避免或改進，就不會釀成大錯誤，造成毀滅性的後果。因此，要達到零錯誤，必須從每個小錯誤開始練習，牢牢掌握每一個小錯誤的修正機會，透過方法培養零錯誤的思維與能力，就可以防止大錯誤。我常說：每一個小錯誤都是上帝賜予的禮物，如果能夠好好珍惜這份禮物，馬上修正小錯誤發生的原因，自然能夠避免大災難。

第二章提到過美國電力公司前董事長長羅伯・鮑爾斯，他在上完我的零錯誤領導力課程後，就非常積極的在日常生活中定期檢視自己可能會犯下的「單項弱點」。面對這樣的嚴重錯誤，鮑爾斯設計一份單項弱點提醒單，在正面寫下生活上可能犯的重大錯誤，反面則寫下工作上可能發生的重大錯誤（見表2.1）。這張提醒單就貼在門口牆上，每天出門前，他會花三分鐘檢視。每個星期則會將所有的錯誤重新反省一遍，檢討是否有需要改進的方法與習慣，或者有任何補強措施。

因為他持續防止犯錯，毫不意外地，他成為業界知名犯錯率最低的電廠董事長。他在退休演講中分享說道：「我一輩子學到的就是邱博士那兩頁的提醒單，我一直用這一張紙控制著七個州的所有的電力跟水力，大家都說我很聰明，其實沒有，是這張單項弱點提醒單的功勞。」

當然錯誤有大有小，在分析錯誤的時候，小錯誤只需要分析原因與對個人的影響，大錯誤的分析檢討就要更深入，不只要找出原因，還要檢討對組織、制度和領導者的影響。

本章練習

- ▼你是內向的人？還是外向的人？你是用左腦思考？還是右腦思考？
- ▼你認為自己最容易犯哪種錯誤？
- ▼你犯的錯誤是否跟零錯誤方法的預測一致？

Chapter 4

打造快樂與成功的人生

零錯誤能帶來快樂，快樂則會帶來成功。

第一章談到，培養零錯誤思維，就能預防事故，避免出現重大危機。我們團隊研究零錯誤方法幾十年，發現零錯誤的功效不只如此，更重要的是還可以帶來快樂與成功的人生，這才是零錯誤的最高境界。

我認為，零錯誤能帶來快樂，快樂則會帶來成功。什麼是快樂？我們定義的快樂是指一種喜樂、享受、滿足、安全感與成就感，成功則是達到自己想要的成就。

人生的七大陷阱

我們都知道成功的人比較快樂，但這是因為成功才會快樂？還是因為快樂才會成功？要了解這個因果關係，唯一的方法是確認快樂的人最後會變得很成功，還是成功的人最後會變得很快樂。二〇〇八年，加州大學河濱分校完成一項重要的研究，他們利用大數據分析並追蹤許多參與測試的人，發現快樂的人最後都很成功。這意味著先有快樂，才有成功。

我們也做了一項獨一無二的「錯誤與不快樂」相關研究，訪談追蹤三百多個人，請他們寫下人生中不同時期不快樂的程度，以及這份不快樂的心情延續了多久。結果發現，當受訪者擁有極度不快樂的心情，會讓他有五〇％至六〇％的時間都變得很不快樂，而且延續的時間長達十幾年。為了了解導致人們不快樂的原因，我們請每一位受訪者寫下造成不快樂的是哪些事情，以及這些事情影響不快樂存在的時間，這段期間我們稱為不快樂總時數（Total Equivalent Unhappy Time）。舉例來說，如果一個人碰到婚姻問題，導致生活有一半的時間都覺得很不快樂，而且情況持續十年，那麼計算出的不快樂總時數就是五年。受訪者中，平均的不快樂總時數大概占了人生的五〇％，快樂成功的人的不快樂總時數只占人生的一〇％左右。

我們研究的結果發現，如果在下列七個地方犯下知識型錯誤，就會變得非常不快樂，而且因為很不快樂，所以也無法成功。這七個地方包括：

一、選擇婚姻伴侶和工作夥伴

二、追求與親朋好友擁有高品質的人際關係

三、選擇職業

四、選擇人生目標

五、追求知識

六、面對可能沉迷其中的誘惑

七、追求機會

舉例來說，選擇婚姻伴侶和工作夥伴時如果犯下知識型錯誤，找到性格完全不合的婚姻伴侶，或是目標完全不同的工作夥伴，雙方可能天天吵架，無法溝通。這樣不快樂的總時數會非常高，甚至高達五至十年。我們的研究發現，好的婚姻伴侶一定要有相同的性格、背景和責任感，而好的工作夥伴，一定要有共同的目標。

如果在追求高品質的人際關係上犯錯，那麼親朋好友之間會互相猜忌，背地裡互相陷害、講壞話，不快樂的總時數也會很高。我們的研究發現，與親朋好友一定要互相體諒、互相支持、有擔當、有責任、抱持感恩的心，而且及時表達感謝之意。如果彼此關係不好，一定要停止往來，不然就會很不快樂。如果能和知心友人有共同的興趣，如打球、爬山、旅遊等，就會非常快樂。

選錯職業，做了不喜歡的工作，或是工作與個性格格不入，做一天就痛苦一天，不快樂的總時數當然也會很高。我們的研究發現，工作的性質一定要和自己的個性、習慣、資質天賦配合。

在選擇人生目標上，如果追求空洞又達不到的目標，或是沒有明確的目標，不快樂的總時數也會很高。現在很多年輕人的首要目標是自己當老闆，不受公司束縛。不過，這個目標非常難達成，反而常常會變得很不快樂。我們的研究發現，想要減少不快樂的總時數，應該設定一個合理的目標、有計畫按部就班的達成。

在追求知識上出錯，是指沒有受到需要的教育，也沒有在新工作中學到求知的方法，導致工作的成效常常低於原先的期望，所以不快樂的總時數也會很高。我們的研究發現，在人生計畫中決定自己需要的教育程度，藉此滿足人生的目標，這是非常重要的事。同時，能運用零錯誤的方法尋求不懂的知識，可以減少不快樂的總時數。

面對可能沉迷其中的誘惑，如果無法克制，人生可能會馬上掉到谷底。我們看到很多成功人士因為婚外情造成夫妻反目，或是受到利益誘惑而犯法啷噹入獄，他們的不快樂總時數並不低。這裡的誘惑，指的是短期能得到快感，卻會對自己或公司產生危害的事情，像是吸毒、賭博、婚外情等等。我們的研究發現，人生愈成功，周遭的誘惑就愈多，愈要小心。想要避免沉迷其中，除了減少與這些誘惑接觸的機會，也可以結交正直的好友來避免誘惑。

如果到手的好機會流失，也會讓人不快樂，因為你可能看著其他人掌握機會而有所成就，自己卻一事無成。我們的研究發現，如果能認知到機會來臨，及時掌握機會、善加運用，不快樂的總時數就會減少。

總而言之，一個人能夠在這七個領域中不犯錯，就會變得更快樂。當快樂的程度提高，工作的效率也會增加，人際關係變得和諧，知識累積更多，最後一定會成功。

在這項與不快樂有關的研究中，我們還看到一個很重要的現象。我們詢問受訪者現在不快樂的程度與原因，發現當受訪者非常不快樂的時候，連帶會對經濟問題感到困擾。也就是說，如果受訪者比較快樂的時候，經濟問題比較不會影響他們的心情。這個發現和二〇一〇年普林斯頓大學安格斯・迪頓（Angus Deaton）的研究結果相似。普林斯頓大學的大數據研究發現，當美國家庭收入超過七萬五千美元時，家庭成員的快樂程度和家庭收入無關。七萬五千美元是二〇〇九年的標準，如果換算到現在來看，大概是九萬美元。以台灣平均收入大約是美國平均收入四一%來換算，相當於每月收入九萬兩千元。也就是說，在台灣，當家庭月收入超過九萬兩千元，錢就和快樂無關了，但是，當不快樂的總時數很高的時候，經濟問題就會凸顯，連帶對沒選對職業、沒抓住機會或選錯結婚對象的抱怨也會增加。

另外，我們研究的結果也可以輔助說明哈佛大學針對快樂進行長達八十一年的研究結果。哈佛大學從一九三八年開始追蹤七百二十四個人，一半是哈佛大學學生，一半是波士頓普通居民，發現八十一年後，最快樂的人都有良好的人際關係、家庭很和諧、有很多好朋友，也比較長壽。這項研究的結論沒有說明為什麼這些人會有良好的人際關係，但是我們的研究發現，在人生的七個領域犯錯少的時候，人際關係就會變好，不快樂的總時數也會降低。

有一次演講時，有位學員問我：「怎麼利用零錯誤帶來成功？」我跟他說：「我打個比方，要成功，就如同爬樓梯一般，都需要一些力氣和毅力。零錯誤的方法就是不回頭的一步一步爬樓梯，一步樓梯就是一天，當每一天沒有錯誤的時候，你就登高一步。每天登高一步，就一定會成功。犯了錯誤，就會往後退一步，離成功就愈來愈遠了。所以，零錯誤是每一個人的基本功夫，天天要做。」

總而言之，人生的錯誤會影響快樂和成功，同時根據我們長期的觀察，我們發現人生的藍圖就是一生中大錯誤排列組合所產生的結果。舉例來說，在人生不同的時期犯下相同的錯誤，對人生的影響並不同。一個人在年輕的時候找了一個不適合的配偶，可能對他的求知和求學影響非常大。但是如果是在中年犯下這個錯誤，可能會對事業的成長影響非常大；一個人在年輕時候讓身旁的機會擦身而過，創業成功的機率就會降低。但在年紀大的時候讓身旁的機會擦身而過，事業的發展就會受到阻礙。所以犯錯不只會影響快樂與成功，也可以影響最後的人生藍圖。

根據我們的長期觀察，我們發現，家庭因素對誤入這七大陷阱有非常大的影響。一個在成長時期沒有父親養育的孩子，比較容易犯下無法克制誘惑與追求人生目標的錯誤；一個在成長時期沒有母親養育的孩子，長大後比較無法與親朋好友有高品質的人際關係；在一個受到寵愛的家庭中長大的孩子，長大後在管理機會上比較容易犯錯；在一個不在乎追求知識的家庭中長大的孩子，對於選擇職業和追求知識上比較容易犯錯；在家庭裡受到暴力虐待的孩子，對於擇偶方面比較容易犯錯。

有位學生問我：「我的家庭有很多問題，要怎麼改變家庭因素對我的影響呢？」我的回答是：「大概有一半的人都有不同程度的家庭問題，這並不代表這些人就一定不快樂。因為如果一個家庭有問題的人可以了解自己受到的影響，在哪裡會犯下比較多的錯誤，他就會用零錯誤方法特別關注在那些地方，這樣的話，他就和平常人一樣了。最怕就是不知道家庭問題對你的影響，或是知道以後卻不去改善。」

努力並不是影響成敗的關鍵

有位學員問我：「小時候，老師教導我們努力就一定會成功，不努力就不會成功，卻從來沒有說過成功與錯誤的多寡有關，難道老師教錯了嗎？」我思考了一下，覺得他的問題抓到零錯誤的重點。我回答：「一般來說，努力的人比其他人更少犯下該做未做的錯誤，而不努力的人比其他人更常犯下該做未做的錯誤。所以老師的說法大致上是對的。但是，最後成功與否的關鍵，依然是由錯誤的多寡來決定。努力的人不一定可以得到想要的成功，不努力的人也未必會失敗。」

為了幫助他理解，我舉了兩個例子來說明努力不代表會成功：「第一個例子是我朋友的孩子，他從小雙手就非常靈巧，喜歡動手做手工藝，但也很努力讀書，最後考上了台大植物病理與微生物學系，而不是心裡嚮往的牙醫系。最後他在農委會找了一份工作，十幾年來都不快樂。這代表努力被選錯科系而埋沒了；另一個例子是我好友的太太，她每天都很早起床準備孩子的便當、送他們上學，平常就幫小孩看作業抓重點，晚上盯著他們做功課。最後，她的小孩成了媽寶，長大以後，凡事總是聽媽媽的話，沒有辦法自行做決定和獨立生活。這個小孩就是因為媽媽在錯誤的教育方法上努力而埋沒了。」

我看這位學員還是滿臉疑惑，於是又加了一個例子：「這個例子是我在麻省理工的同學，他看上隔壁拉格特立夫女子學院（Radcliffe College）的新生校花。我的同學對她一見鍾情，努力追求她。早上送花，晚上去教堂禱告，希望上帝幫助他追到這位女孩子，他還彈吉他唱歌給她聽，又天天寫情詩給她。我畢業三年後，他們總算結婚了。但是，二十年後再見面，他卻說這是他犯下一生最大的錯誤。他們個性不和，一直吵架，就連兩個小孩都大受創傷，他也沒心工作，失業很久了。這個就是在選擇婚姻伴侶上用錯努力而無法成功的例子。」

我又舉了一些反例來說明。我說：「就算是不努力，只要不犯錯，也是可以成功。有個跟著我工作三十年的員工，以前跟我日夜奔波，處理危機，他努力的工作。有一天他跟我說，他找到成功的捷徑了。他要辭職把他和朋友存的錢投資在有零錯誤思維的公司裡。他退休以後，有時會打電話給我談哪些公司是零錯誤的公司，電話都是從高爾夫球場或豪華遊艇上打給我的。他的投資非常成功，賺的錢比原來的薪水多十倍，這可以證明決定正確比單靠努力來得好。」

我反問這位學員：「你有沒有一些付出很多努力卻沒成功的例子，還有沒付出什麼努力卻很成功的例子？」他說：「我的情況跟你說的例子很像。我從小就很努力念書，考上台大外文系，現在做英文編輯，做得很不快樂，因為我的興趣是當電視台記者，畢竟我的個性滿外向的。我該怎麼辦？」我回答說：「你因為工作內容與個性不搭，所以不快樂的總時數大概非常高吧，未來成功的機率也會低很多，不如你去旁聽新聞系的課，找一個電視台當個實習記者，如果未來工作做得很好，而且做得很快樂，老闆一定會賞識你，讓你達到心願。」

努力與否只是我們用投入的時間和力氣來分辨人的一種方法，但這並不代表一定會成功或不成功。我們的研究發現，努力的程度和三個心態有關：使命感、熱情、愉悅感。當擁有其中一個心態時，就會讓你付出努力。當這三個心態都具備的時候，就會超出生理和心理的極限去努力。這三個心態從小就要培養。父母和師長要引導小孩了解到，付出努力不只是為了自己，也為了要服務別人，同時父母和師長也要鼓勵和發覺小孩對某些特定事物的熱情，然後鼓勵他們，讓他們對那件事產生愉悅感，這樣的話，他們會對那件事情付出更多努力，藉此達到超出常人的成功。當小孩長大之後，使命感、熱情和愉悅感則得靠自己和公司文化的制度來培養。

從失敗原因中找出成功的途徑

許多人研究成功學，試圖想要找出成功的共通性，想要複製這些成功。然而在複製的過程中卻成效不彰，原因在於，每一個成功的案例都有不同的時空背景，無法找出共通性。但如果換個角度來看，我們的研究團隊發現，從失敗者犯下的錯誤來找出可以避開的錯誤陷阱，進而從中學到教訓，更能有效的達到成功的目標。因為錯誤有很強的共通性，所以唯有避開類似的錯誤才能複製成功。對此，比爾蓋茲就說過：「慶祝成功很好，但更重要的是需要注意失敗帶來的教訓。」

阿里巴巴創辦人馬雲也有類似的看法，他認為企業成功的經驗各有不同，但失敗的教訓是相似的。「我最大的心得就是思考別人怎麼失敗的，哪些錯誤是人們一定要犯的。」在一次公開的演講中，馬雲說：「我花時間最多的事情，是研究一個公司是怎麼失敗的，我給阿里巴巴所有高管推薦的書，都是講別人怎麼失敗的，因為失敗的原因都差不多，都是那四、五個很愚蠢的決定，但是很多人都會覺得，這麼愚蠢的錯誤，只有別人會犯，我怎麼會犯。但即使提醒著你，你還是會犯。MBA把很多東西固定化了，MBA案例教學都是教別人張三怎麼成功、李四怎麼成功、王五又怎麼成功，學了太多成功的事情後，你反而不知道怎麼做事了，覺得自己飄飄然。」

鴻海創辦人郭台銘也說過：「成功是最差勁的導師，只會帶給你無知和膽怯，卻不能帶給你下一次成功的經驗和智慧。」「錯誤並不可怕，可怕的是一再犯同樣的錯誤。」不管是馬雲還是郭台銘，在我們的研究中，都屬於有零錯誤思維的領導人，而且他們都認為，成功不可複製，只有分析失敗的原因，才能從中找出成功的途徑。這與我們的研究不謀而合。

獨一無二的快樂成功學

零錯誤可以幫助每個人更快樂、更成功。這是一套一體適用的方法，無論貧富、階級、性別、年齡都適用。這個時代裡，窮苦的人活在錯誤很多的世界，因為知識不足，陷入犯錯心態的機率也比較高（第五章會討論五種犯錯心態）。如果知道零錯誤的方法，就可以避開這些錯誤的心態，也不會阻擾他們獲得成功了。

二〇一九年諾貝爾經濟學獎得主是任教於麻省理工的阿比吉特・班納吉（Abhijit Banerjee）和艾絲特・杜芙若（Esther Duflo），以及任教於哈佛的麥可・克雷默（Michael Kremer）。他們的研究是從社會國家的角度探討貧窮問題。他們認為救濟窮人沒有效，解決貧窮問題應該要改善窮人的思維和決策品質。雖然我們的零錯誤研究是以個人和企業為主，但結論與這三位學者的想法不謀而合。

零錯誤也是一套可以立即實行的方法，今天了解零錯誤的思維，就可以馬上實行，就會比前一天變得更快樂、更成功。要養成零錯誤的習慣並不是很難，也不用花很多時間持續練習才能上手。

零錯誤是一套防範錯誤發生的方法，因為提前預防錯誤，所以花在處理錯誤的時間就少了。很多失敗的人與公司只是忙著處理過去犯下的錯，結果愈處理愈糟，進入惡性循環。只有零錯誤方法能夠跳脫出這種困境。

零錯誤是永久有效的方法，這是用科學知識、大數據和方法論產生的結晶，並不是一套哲學。所以今天零錯誤帶來快樂和成功，一百年後零錯誤也會帶來快樂和成功。這套用三千年歷史分析出來的方法，一百年後一樣不會改變，只會更精細與自動化。

運氣帶來的成功並不會持久。有時候運氣好，天時地利人和具備，就成功了。成功的人自己也不知道是什麼原因成功，但是當天時地利人和都不具備的時候，可能就失敗了。成功的人能知道究竟是靠運氣還是零錯誤思維來成功，這需要很高的智慧，不然一次成功之後，接下來迎接的都是失敗。我常常跟學生說：「一個只成功一次的人可以幫助人類進化，如果他繼續成功，就是給後代很好的成功案例，如果他接下來失敗了，他也幫助人類，因為他是人類研究失敗最好的案例。」

而且，零錯誤方法夠獨特、一體適用、可以立即實行，還能永久有效，是幫助人類文明順利發展的必要思維。只要每個人都達到零錯誤，無論個人或企業甚至國家，都可以因此變得更快樂、更成功。

本章練習

▼ 檢視人生的七大陷阱，你有在這些陷阱中犯過任何知識型錯誤嗎？

▼ 面對自己犯下的錯，現在能夠改進，讓自己朝快樂與成功邁進嗎？

Part 2

人類
天生就會犯錯

Chapter 5

知識型錯誤

知識型錯誤可以說是決策者的惡夢，因為領導人擁有絕對的權威，因此一般員工很少會去挑戰他們的決策，只會盲從。一旦決策者做了錯誤的決策，例如該做的沒做，要做的做錯，就會導致嚴重的後果，甚至造成整家公司倒閉。

在三種人為錯誤中，知識型錯誤是每個人每一天都會發生的錯誤，也是最嚴重的錯誤。如果犯下這種錯誤，企業可能會倒閉，國家可能會滅亡。

如同第一章談到發動戰爭是最典型的知識型錯誤。第二次世界大戰時，軸心國德國與日本打到國家幾乎都快滅亡。很難想像在第二次世界大戰時，為什麼在這兩個國家內部幾乎聽不到反對的聲音？

我們的研究發現，這全都與生長環境有關。就以這場慘重傷亡的世界大戰為例，德國跟日本的教育從小都是要求學生服從，跟美國提倡的學生獨立思考截然不同。他們一般都比較相信權威性的言論，願意服從權威性的指導，所以當希特勒主張雅利安人（Aryan race）比全世界各個民族都更優秀時，沒有人挑戰他的想法，因為大家都喜歡聽到自己是最優秀的人；日本也一樣，當日本政府提出東南亞共榮圈，要統治東南亞、幫助東南亞人民獲得更好的生活水準時，沒有一個日本人挑戰天皇說：「做得到這件事嗎？我們有這個能力嗎？需要這樣嗎？」因為這兩個國家的文化與教育比其他國家更強調服從，於是，人民的盲從就造成日本與德國犯下歷史大錯。

根據我們的研究，知識型錯誤是領導人的惡夢。如果沒有使用零錯誤方法，錯誤率短期會高低起伏，長期來看則會逐漸增加，只要連續出現幾個大錯誤，就會造成企業一蹶不振。如果領導人無法分析其中犯下的知識型錯誤，企業就無法重振雄風。我們可以舉一個很好的例子，那就是二〇一八年啟動「境界成就計畫」後狀況百出的南山人壽。南山人壽自己就分析，因為過度自信犯了幾個知識型錯誤，在新的企業資源規劃系統（ERP）上線時，並沒有先進行試點，來漸進改善流程，只是衝勁十足的想要帶領保險業創新，在這樣的過程中，不但賠了上百億元，也遭金管會開罰。但了解錯誤的原因後，再重新站起來就容易了。

在研發第三代零錯誤方法時，我們公司一位麻省理工博士詹姆・奧摩斯（Jaime Olmos）發現一種大數據分析和人工智慧方法，來找出知識型錯誤的根本原因。我們發現，要做做錯的知識型錯誤來自兩個方面，一個是五種心態（mindset），包括盲從、過度自信、不知道自己的無知、陷入舊思維、決策只有二選一；一個是能力和做事方法。當能力差、擁有的知識較少時，知識性錯誤比較多。而在做事方法上，如果無法控制上述五種心態時，就會犯錯。

該做未做的知識型錯誤來自三種心態：缺乏使命感（purpose）、缺乏熱情（passion）、缺乏愉悅感（pleasure）。這三種心態對個人的成功失敗有相當大的影響，但是在企業中，該做未做的知識型錯誤大多都是由於缺乏制度，或是領導人對缺乏對制度的認知所導致，和員工的心態無關。

擁有的知識愈多，會犯下的知識型錯誤愈少，也更能控制容易犯錯的五個心態，最好的例子就是台積電創辦人張忠謀，他一直堅持閱讀與學習，總是強調綜合知識儲備的重要性。他廣泛閱讀包含經濟、政治、歷史的書籍。平日一天大概花三個小時在閱讀上，到了週末還會花上六到七小時。

盲從

造成知識型錯誤最常見的心態就是盲從（blind trust）。盲從常常發生在面對權威的時候，對權威人士的言語、思想和主張照單全收，沒有絲毫懷疑，不去挑戰這些主張背後的假設。在青少年時期，父母、師長是權威人士；出社會後，權威人士變成老闆、客戶或國家領導人。如果我們完全相信他們的話，沒有質疑他們的想法，只是一味的盲從，就容易犯錯。

盲從的錯誤在於相信權威人士提供的錯誤資訊。歷史上，這樣的假資訊造成的重大錯誤比比皆是。在三國演義裡，周瑜故意棒打黃蓋，製造兩人不合的假情報，然後讓黃蓋詐降，帶著數十艘滿載薪草膏油、外用赤幔偽裝的戰船，假意投靠曹操。接著，黃蓋下令點燃船上的茅草，發起火攻，導致曹軍全軍覆沒。曹操因為相信這個假資訊，結果在赤壁之戰吃了大敗仗，失去一統中原的大好時機。這麼重要的資訊卻沒有查證，就是因為盲從。

即使到了近代，相同的錯誤還是重複發生。二〇〇三年，美國因為得到伊拉克擁有大規模毀滅性武器的情報，決定出兵攻打伊拉克。但事後證明，這也是一條未經證實的假資訊。如果當時能派人確認存放大規模毀滅性武器的地方，或許就不至於在這場戰事上花上八年多的時間。

對企業而言，有多少文件的資訊是錯的，有多少文件的資訊是沒有證實的，還有多少資訊可能是競爭對手故意丟出來的假消息？在現代的資訊戰中，分辨訊息真假是很重要的工作，但是盲從的人只會聽信權威性的資料，完全不去證實資料是否正確。正因為盲從的情形非常普遍，導致知識型錯誤如此氾濫。

從古至今，各種假資訊充斥，為何人們總是傾向相信假資訊，分辨不出資訊的真假？原因就在教育。在成長過程中，我們都被教導要聽從父母、老師的指導，要相信權威人士提供的資訊，長大後我們還保有這個習慣，只要與權威沾上邊，例如報紙報導、書本所寫、政府官員所說，很多人很輕易就全盤接受。即使資訊來源並不可靠，邏輯也有問題。當希特勒說雅利安人是超越各種族的優越民族時，沒有人去問雅利安人到底是什麼人？為何會超越其他種族？七千九百多萬人都相信這個來自權威的說法，結果是集體迫害其他族群，造成歷史上最嚴重的人為錯誤。

功課愈好、學歷愈高的學生，愈容易犯下知識型的錯誤。好學生的成績很好是因為非常相信老師，只要老師說的話就深信不疑。因為從小就被訓練成不去質疑師長，所以長大之後沒有質疑資訊及知識來源的能力，結果就落入盲從的陷阱。

過度自信

第二個造成知識型錯誤的心態就是過度自信（overconfidence）。如果持續抱持這種心態，久而久之就會膨脹成自滿，當一群自滿的人集結在一起，就變成自滿的團隊或企業，一旦團隊或企業充斥著自滿態度，距離失敗就不遠了。

自滿的最大特色就是停止追求進步，許多該做的事都以各種原因忽略掉了。一家自滿的公司，首先會削減新產品的研發經費，甚至把經費削減到零，因為領導團隊認為公司產品在業界已經是龍頭地位，無人可以匹敵。當高階領導人都這樣想，部屬自然也就不需要自我檢討，分析自己的優缺點，更不會審核做的決定對不對。

我們常常跟各大公司的領導人見面，通常五分鐘內就可以分辨出這個人是不是過度自信。過度自信的人總是喜歡沉溺於小成功、小確幸，例如某項比賽得了第一名，比對手招到更多名校畢業生等等。他們滔滔不絕的專注於過去的豐功偉業，卻避談缺點和改進方法，像是產品上市遭遇何種阻力，為何某個產品一直在賠錢，或是員工一再出錯。因為他們一直找不出錯誤的原因，導致公司的犯錯率愈來愈高，愈來愈常發生事故。如果你注意業界擁有領頭羊地位的公司，你會發現他們的領導人通常很少談到這些小確幸、小成就，他們談的都是面臨的挑戰及想法，與過度自信的人截然不同。

就跟盲從一樣，過度自信也與從小受到的教育有關。何謂過度自信？就是某件事情已經超出自己的能力，卻沒有自知之明，依然不顧後果的把事情做完。而哪些算是超出能力範圍的事？就是以前從沒做過的事。

許多父母望子成龍、望女成鳳，因此常常會對子女過度要求，或者過度鼓勵子女。我的太太也會這樣。我有個兒子七歲時去游泳，一開始游得很不好，游了四圈覺得非常累，想要從泳池爬起來，但我的太太鼓勵他說：「你可以游完第五圈，你的能力和肌肉絕對沒問題，你一定要下去游。」我小孩說：「我累了，手也好痠。」但我的太太繼續說服他：「你絕對做得到，你是最好的游泳健將。」他被說服了，繼續游第五圈。游完後，他很高興的跳起來說：「我真的可以游完五圈，我的同學沒有人可以游完五圈。」後來，他得到游泳冠軍。

我跟太太說，這樣的要求已經超出他的能力，但我太太認為，這就是成長的過程，一定要讓孩子做超出能力的事，他才會變成優秀的人，才會成功。她叫我不用擔心，因為如果小孩沉下去，她是游泳健將，馬上可以救他。

我另一個兒子常跟著我滑雪，程度跟我一樣很普通。我太太跟他說：「你完全沒有發揮滑雪時該有的潛能，你應該滑得更好。」所以我太太就帶他到最危險的高山，從直升機上跳下來滑雪，當時他才十一歲。後來他還得到全美青少年滑雪冠軍。我們住在很少下雪的加州，青少年滑雪冠軍還是第一次由加州人拿到。他很高興的跟我說：「爸爸，我得到冠軍了。」我太太也很得意說：「你看我把他的能力推到極限，他真的成功了！」但我的兩個兒子都是超出能力在做事。

滑雪道或游泳池是相對安全的人工環境，周邊還有保護措施與救護人員，超出能力做事並不會引起無法收拾的後果。但是在現實的社會或職場，面對的往往是一片荒野、一片汪洋。一旦超出能力做事，常常會造成重大損失與傷亡。這時一旁不會有救生員、也不會有保護措施。因為過度自信而出錯，不只會賠上自己的性命，也會造成大量的傷亡。

當遇到超出能力的事情時，很少人會想到必須請教其他人，或是必須靜下心來分析風險，想想因應對策，再採取行動。因為在我們的成長過程中，屢屢被要求要超出能力做事，認為這樣才可以成長、進步，而且這樣做還會得到很好的成績。我的兒子一個是游泳冠軍，一個是滑雪冠軍，所以長大以後他們都覺得，只要超出能力做事，就可以變成冠軍。

但是在現實的社會裡，當你第一次做一件事，或是做一件複雜的事，都是在做超出能力的事，沒有人會在旁邊及時救援。而且過度自信的去做完全不熟悉、沒學過的工作時，出錯率會增加十倍。但我們從小就被這樣訓練，如果不在長大前改變心態，導致長大後出了錯而不自知，結果可能造成其他人的傷亡與損失。

不知道自己的無知

第三個知識型錯誤根源是不知道自己的無知（out of sight out of mind），以為自己知道的知識已經夠用了，沒有在需要新知識時，快速打開視野和尋求知識。井底之蛙永遠不知道天有多大，同樣的，無知的人永遠不知道知識的大海有多廣。莊子說：「生有涯，知無涯。」無知會讓人看不見自己所需要的知識。知識是無止盡、無限大的，即使企業領導人擁有再漂亮的學經歷，或是擁有名校博士學位，擁有的知識還是有限，因為大部分的知識都是邊做邊學，從經驗中獲得。

不知道自己的無知會造成很多問題，七五％的錯誤都是源於無知。一般人會覺得企業領導人很厲害，可以解決所有疑難雜症。所以當領導人因為無知而亂做決策時，大部分人仍然以為他是對的，這就是盲從。領導人因為無知，所以常常做出一些錯誤的決策，因為他不知道自己不知道這件事，所以錯誤會不斷重複。

剛到國外求學時，我最大的震撼是美國很多名教授授課時沒有教科書。我在清華大學念書時，物理老師會指定教科書，學生只要唸完教科書，就可以應付考試。到了麻省理工，第一堂課是高能物理學，整堂課上完都沒有說要用什麼教科書，也沒有一個學生帶書上課。我覺得很奇怪，就跑去問老師：「老師，你要考哪一本書？」老師反問：「什麼書？」我還是不放棄的問說：「教科書啊，你要指定哪本書當教科書？這樣我才能考試啊！」老師這才聽懂，他解釋第一天有發一整頁的參考書單。我一時還無法接受沒有教科書這件事，我說：「那不公平啊，沒有教科書，我怎麼知道你考哪一本？」老師有點不耐煩的說：「你全部都要念，而且不只考參考書。」果然參考書僅供參考，考試時許多考題根本不在書本上。

從小我們接受的教育，答案都在教科書上，所以我們以為人生所有的解答也都在書本上，教科書就是標準答案。出了社會，才發現人生的各種考試都不是考你知道的事，而是考你不知道的事。知道跟不知道的比例約為一比三，因為知道而犯錯的機率只有四分之一。在真實世界裡，大部分的錯誤都來自於因為不知道而犯下的錯誤，犯錯的機率高達七五%。

美國跟華人學校教育最大的區別，就是一個考課本內的知識，一個考課本外的知識。華人學校只考課本內的知識，所以久而久之很多學生只看到自己看見、已知的東西，無法看到沒有看見、未知的東西。因為我們從小沒有被訓練自己去找問題、找資料、找專家諮詢、找答案，訓練如何把未知的部分變成已知。

陷入舊思維

除了不知道自己的無知，還有一個很難自我察覺的錯誤心態就是陷入舊思維

（sunk cost bias，也就是沉沒成本迷思）。我常常跟朋友說，如果碰到一座山擋路，華人會鼓勵大家要有愚公移山的精神，用鏟子一點一點的把山鏟平；美國的觀念則完全相反，遇到一座山阻擋在前面，就會繞道，根本不需要去鏟平那座山。美國的觀念認為，永遠要找一條最有效率的道路往前走，努力找到一個成本最小、效益最大的方法，這個觀念是需要從小訓練的，找到最有效率的方法，再克服萬難達到目標，這就是華人跟美國最大的觀念差異。

陷入舊思維，就是將過去的人生經驗與思維當成公式，套在未來。以前投資花了太多錢，就因此認定這個投資值很多錢，卻不去分析過去與現在是兩個完全不同的時空環境。結果被過去的經驗困住，從此很難跳脫，有所進步。

會陷入舊思維也與教育有關。家有家法，校有校規，從小我們被要求遵守各式規矩、各種傳統，卻不管很多規矩已經不合時宜。因為沒有一套方法來修改規矩或傳統，沒有讓規矩或傳統與時俱進，所以永遠陷在舊思維裡。

現在整個社會還是以舊思維為主導。看看台灣的立法院有一百多位立法委員，每天想的都是如何訂定新的法律，結果新的法律不斷增加，卻很少把不合適的法條給廢除掉。隨著時代的變遷，一定有很多過去設立的法律不符合現今社會需求。但是立法院裡並沒有一個委員會，專門研究哪些法條已經過時，不符合民眾需求，必須刪除或改進。我們有個根深蒂固的觀念，認為法律永遠是對的，不可動搖，這就是陷入舊思維的錯誤。我們習慣依賴與放大過去的經驗、知識，以古為尊，死守法規，不希望去改變它。美國用的是公民陪審制，不合適的法律就慢慢的被陪審團認為不合時宜而淘汰掉。伊隆・馬斯克也說過：「不要自欺欺人地認為某件事情正有所進展，但實際上卻不然，否則你會被錯誤的解決方案所束縛。」

二選一的決策模式

第五個常常出現的錯誤心態，就是二選一的決策模式（two option bias）。長久以來大家都習慣從兩個選項中選擇，例如投票時選擇民進黨或國民黨、共和黨或民主黨，上學時選擇要上公立學校或私立學校。從小到大我們都習慣只在兩個選項中挑選。但是，二選一的決策模式只能展現出你的喜好，展現出你喜歡某個選項，不喜歡另一個選項。但實際上，共和黨和民主黨代表的是政治的兩個極端，通常最好的選項會是兩者的混合體。如果選項能夠擴大為五個，從中選出一個，才能算是真正在做決策，而不是表達喜好。因為當五選一時，就必須思考什麼是對的，什麼是最好的。

只是如果馬上要我們從五個選項中挑選一個出來，大部分人會很慌亂，不知如何選擇。畢竟我們長久以來早已習慣在兩個選項中做選擇，真的要分析五個選項的利弊得失，然後從中挑出最好的選項，實在是很困難的事情，自然我們常常會掉入二選一的陷阱。

但是決策不該只是表達喜好，更不能只根據喜好來判斷。我們在麻省理工的研究發現，好的決策至少要從五個最好的選項中做出選擇。「五選一」可以將決策成功的機率提高到九〇%，如果是「二選一」，決策的成功機率只有三〇%。

只表達喜好的「二選一」決策模式也是我們在成長過程中被訓練出來的。你的母親可能會在早餐時問你：「你要吃麵包？還是稀飯？」你可能會回答：「我要吃麵包。」這樣的回答展現的是你的喜好。我的小孩也一樣，我的太太每天會問小孩：「你要吃中國菜？還是美國菜？」全都是由喜好主導。

有一天我跟太太說，這樣不行，小孩已經十歲了，我們要開始訓練他做決策，我太太問：「要怎麼訓練？」我告訴她，從現在開始，每一個問題至少要有三到四個選擇，因為三個以上的選擇就不能只表達喜好，他就要開始思考哪個選項好，哪一個選項壞，哪一個選項簡單，哪一個選項難。所以當他在比較的時候，就是在做決策。

有一天我就這樣問我的小孩，我說：「我們要去哪裡吃飯？你今天要吃德國菜、義大利菜、中國菜、美國菜？」當我講完這四種選擇以後，我的小孩像呆瓜一樣楞住了，不知道該怎麼選。首先，他要開始想自己的情況有什麼限制，像是因為功課還沒做完，所以吃飯時間只有一小時，因此，餐廳的遠近成為重要標準，其次還得考慮餐廳的上菜速度，中餐上菜比較快，德國菜要在一小時內吃完不太可能。最後，他經過考慮分析之後，決定吃中餐。

做決策是一個很大的挑戰，我們從小都被訓練表達自己的喜好，而不是訓練如何做決策，換言之，從小我們就被培養成這種錯誤的心態而不自知。有時候，特別強勢型或保護型的父母會不讓小孩做決定，這樣長大的小孩，做決定時常常考慮不周全，犯錯率更高。

從小不自覺就養成犯錯的心態

每個人都學過歷史，歷史課程也是最古老的課程。歷史老師總教導我們，學習歷史可以鑑古知今，記取歷史教訓，避免重蹈覆轍。但是，事實卻非如此，就像第一章提過，人類有三千年詳細的歷史記載，錯誤也重複了三千年。各個朝代、國家的興盛衰亡的模式都如出一轍，興起於戰戰兢兢、勵精圖治，亡敗於驕傲自滿、好大喜功。各朝代的興衰循環模式都一模一樣，為何新朝代的領導人無法跳出歷史輪迴，帶領人民避開下一輪的戰亂？

我們每個人辛苦的學習歷史，三千年來難道沒有改進一%？按理說，如果二十年一代能改進一%，三千多年下來，應該早就零錯誤了，為什麼人類的錯誤率還繼續攀升？同樣的錯誤還是不斷出現？因此，很多人問我，為何歷史錯誤總是不斷重複，都沒有改進？這個問題，我和團隊思考了三十三年，幾乎每天都在想為什麼會這樣。最後，我們研發團隊在大數據分析和追蹤犯錯者的心態及成長過程後終於找到解答：因為人為錯誤的循環與我們的成長有關，每個人從小的成長過程，被養成容易犯錯的心態。所以上一代學到的教訓不能有效的改變下一代。

在小孩的成長學習過程中，父母會說：「你不要頂嘴，要聽爸媽的話。」老師也會說：「你要聽老師的話，我教的東西要認真背下來。」日本、德國的教育都是以嚴厲著稱，他們教出來的學生有很強烈的服從性格。學生必須絕對服從，父母或老師才能有效率地傳遞大量知識。如果每個學生都挑戰師長的權威，質疑每一個知識的來源與正確性，那教育的速度會太慢，所以為了讓教育能順利傳遞知識，才會要求學生要順從、聽話。這樣就可以解釋在第二次世界大戰中，一億四千萬個日本人和德國人都盲目的遵從希特勒和日本天皇的指令，沒有挑戰領導人的假設。

小時候被要求要服從權威，在成長的過程中將思考定型，長大後，就不知該如何挑戰假設。長大後面對現實環境，經歷各式各樣的失敗挫折，我們才從現實經驗中慢慢學到不能盲從，要獨立思考，要挑戰權威，要了解自己的弱點，不能過度自信等等。但是等到自己成為父母或師長，開始教育下一代，又落入舊思維，為了知識傳遞的方便與效率，灌輸下一代權威思考，於是又開啟新的錯誤迴圈。

為何歷史錯誤一再重複？就是五大錯誤心態不斷被複製，使得人們不斷落入這五大陷阱，重複犯錯。如何跳脫錯誤的惡性迴圈？唯有從改變錯誤心態做起。

如果我們調整小時候培養的錯誤心態，長大之後，錯誤率就會下降。我們觀察到，如果沒有調整，長大以後的錯誤率就會很高。小時候特別乖的孩子，長大以後更容易因為盲從而犯錯；小時候年年受到表揚為模範生的孩子，長大以後更容易因為過度自信而犯錯；小時候只念教科書的孩子，長大以後更容易因為不知道自己的無知而犯錯；小時候不參加課外活動、不打工的孩子，長大以後更容易陷入舊思維而犯錯；小時候被父母過度保護的孩子，長大後更容易陷入二選一的決策陷阱。

另外，我們也針對大企業裡既盲從又過度自信的領導人進行分析。一般過度自信的企業領導人常常會讓人感覺到他能夠超出能力做事，所以升遷速度一般也比較快。但是因為過度自信，不相信人才的重要，所以團隊中多以聽話的成員為主，這使他的團隊常常出錯。加上他又盲目相信團隊給的許多錯誤計畫和決策的建議，不去挑戰其中的假設，結果常常造成公司失敗。

我們公司裡有些專家稱這種企業領導者為跳崖者（cliff jumper），意思是指這些領導人的升遷快速，沒有機會檢討自己的錯誤，等到升到最高的位置時，犯下單項弱點的大錯誤，就跳崖陣亡了。

在少子化的趨勢下，有愈來愈多人沒有兄弟姊妹。很多人問我說：「我是獨生子，父母非常寵我，你說我在決策上的考慮可能無法周全，有什麼方法可以補救？」面對這個問題，我都會回答說：「只要知道自己的缺點，用零錯誤的方法來做決策，這個缺點就可以彌補了。最怕就是不知道自己有什麼缺點，或是知道這個缺點卻不主動改進。」

決策者的惡夢

知識型錯誤可以說是決策者的惡夢，因為領導人擁有絕對的權威，因此一般員工很少會去挑戰他們的決策，只會盲從。一旦決策者做了錯誤的決策，例如該做的沒做，要做的做錯，就會導致嚴重的後果，甚至造成整家公司倒閉。手機霸主諾基亞、相片大廠柯達等都是前車之鑑。公司愈努力執行錯誤的決策，就會離成功愈來愈遠。

我們調查很多因決策錯誤造成公司倒閉的例子，發現許多執行長都有一個共同的現象，他們幾乎不知道自己犯了什麼錯、錯誤的根源為何、應該如何預防。就算在眾人撻伐聲中去職，或是在公司倒閉後自動解職，他們在事後的多數時間還是在滔滔不絕的講述以前的豐功偉績，避談之後的失敗。至於問到為什麼他們會失敗，大多數的人只會歸咎於大環境不好，或是對手太強，根本不知道自己已經犯錯，還有究竟錯在哪裡，會客觀分析和承認自己做錯的人少之又少。有些失敗的老闆能重建雄風，就是能正面客觀分析自己的錯誤，及時改進。蘋果的賈伯斯和 Paypal 的伊隆．馬斯克都是被自己創辦的公司開除後，沉澱一段時間才重新開始他們的黃金時代。決策者如果不知道自己犯了什麼錯，就不可能預防未來繼續犯相同的錯誤，只能讓這場惡夢不斷重現。

破解五大心態陷阱

當我們的團隊終於找出歷史錯誤迴圈的根本原因後，就開始開發領導力的培訓，從領導人開始訓練，教他們調整心態。首先讓他們知道每個人都有這五個陷阱，而且功課愈好、成就愈高的人陷阱愈多，因為他們比一般人更加過度自信與盲從，比起從小愛玩、不讀書的學生，好學生需要花更多的努力來打破錯誤的模式。

除了改變錯誤心態外，我們也教他們運用各種制度和方法，來保證達到零錯誤。首先是破解假資訊。使用的方式就是建立資訊檢核中心。每一個新資訊，只要對決策或公司有重大影響，就要檢核這個資訊的來源，以及它的合理性。這樣就可以防止誤信假資料或錯誤的資訊，造成錯誤的決策，進而避開盲從的陷阱。

第二個陷阱就是過度自信，當所有人都過度自信，整間公司就會變得過度自滿，國家也可能會因此毀滅，那要如何預防呢？首先，建立錯誤檢討中心，一旦有個很強的檢討制度在檢討自己的錯誤，並且檢討自己的能力限制，將做過和沒做過的事情條列清楚時，就可以清楚知道自己到底有多少能力。

接著，設立知識尋求制度，當遇到沒有做過的事情時，就一定要有審查制度、輔助制度，以及知識尋求制度，以防止決策者或員工犯下過度自信的錯誤。知識尋求制度的做法很多，可以是詢問做過的人，或是找相關資料做分析，當領導人開始有自覺的避免擺出過度自信的態度時，遇到不懂的事情就不會莽撞行事，犯下超出能力的錯誤。

很多領導人只知道書本內的東西，從沒有學習怎麼去找尋書本外的東西，但人生的失敗多是敗在書本外、我們不知道的東西。因為每個人的知識經驗都有局限，唯一能解決的辦法就是尋求有這個知識或經驗的合作夥伴或工具，因為這是一時無法改變的。前面提過，如果要讓領導零錯誤，需要找一個個性和思考模式完全相反的人來互補，因為這樣的人學到的東西跟你完全不同、興趣也完全不同，因此常常可以知道你不知道的東西，與這樣的人合作，就可以避免自己不知道自己的無知。

至於要如何防止落入舊思維呢？就是要定期檢討審查制度與策略。關於這點，歷史上有個很好的範例，那就是西羅馬帝國與東羅馬帝國。從羅馬帝國分出的西羅馬帝國與東羅馬帝國有著截然不同的命運，西羅馬帝國不到兩百年就被日耳曼蠻族滅亡，但是東羅馬帝國（拜占庭加上羅馬共和國）卻可以延續政權長達一千五百年，為什麼西羅馬會失敗？東羅馬會成功？

就經濟能力而言，東羅馬更為富有，西羅馬相對較窮，除卻經濟因素之外，更關鍵的成敗原因是西羅馬帝國窮兵黷武，但是沒有人反省窮兵黷武的做法人民是否接受，對國家是否真有益處。

與西羅馬帝國相反，東羅馬帝國是以宗教治國，信奉東正教，教義嚴明，但是法律卻非常簡單，沒有到處征討的軍隊，因此領導人對人民利益相當重視，決策也非常有效率，隨時可以因應局勢的變化做出調整。所以最後東羅馬帝國成功抵擋野蠻民族的入侵，並且維持政權長達一千多年。在中國有兩個朝代也有同樣的情況，一個是秦國，一個是周朝。秦國施行嚴刑峻法、窮兵黷武，周朝以禮治國，結果秦朝存在十五年，周朝存續七百七十九年。

因此要防止落入舊思維，就要設立制度，定期審核公司的法規是否符合最新需求。當市場有所變化時，隨時審視新產品的研發週期能否跟上市場變化，趕上競爭對手。每隔一段時間就要重新審查，因為過去的成功不代表永遠的成功。

最後，要做決策時，一定得提出五個方案來分析。分析的內容包括利弊得失、長短期的影響分析。大部分的決策錯誤都出在只考量兩種選擇，因此錯誤率很高。

上述五種心態是知識型錯誤的最大根源，我們的分析發現，這些知識型錯誤都可以預防，當錯誤快要發生的時候，就可以用各種預防的制度來防止這些錯誤，人類可以永遠跳出歷史錯誤不斷重複的迴圈，而達到零錯誤革命。

本章練習

▼列出自己犯過最嚴重的三個知識型錯誤。

▼這些錯誤是哪種心態造成的？

▼未來你要如何預防這些錯誤？

Chapter 6

規則型錯誤

一家公司賺不賺錢，和標準作業流程的違規率高低密切相關。擁有好的標準作業流程設計，而且違規率低的企業，往往是最終贏家。

在三種人為錯誤中，規則型錯誤是企業經營最常出現的錯誤，也是許多企業希望我們幫忙解決的錯誤。無論是大企業或小餐廳，都會訂有複雜程度不一的標準作業流程，這是企業經營的特殊訣竅。小企業訂出的標準作業流程比較簡單，大約五、六個，大企業比較複雜，可能高達五、六十個。在執行標準規範時出錯，就是規則型錯誤。

標準作業流程是品質與執行力的同義詞，要防止這類規則型錯誤有兩個重要關鍵：第一，一開始訂下的標準作業流程就不能犯錯，所以要能維持好品質，設計正確的標準作業流程就非常重要。當涵蓋的規則愈多的時候，就更要注意規則的正確性。不良的規則設計則會造成員工不斷犯錯。我們的研究發現，好的流程一般可以減少一〇%至三〇%的資源浪費。

第二，正確的標準作業流程需要有人正確的執行。所以一家公司的服務好，意味著它犯下的規則型錯誤少，員工都能按照標準作業流程執行，沒有犯錯。因此可以說，規則型錯誤決定企業獲利與競爭力，如果規則型錯誤少，公司提供的服務或產品的品質就會好，企業的獲利與競爭力自然會增加。規則型錯誤通常會導致五％至二〇％的資源浪費。如果錯誤發生在單項弱點上，一次錯誤很可能就會破產。一九八八年英國北海阿爾法（Piper Alpha）鑽油平台大火、一九八九年艾克森瓦拉茲號（Exxon Valdez）漏油事件、一九八六年俄國車諾比事件都是很好的例子。

迪士尼樂園與美國聯合航空的差異

成功的公司一定很少犯下規則型錯誤，而且一定有一套設計完美的標準作業流程。我看過最完美的公司就是迪士尼樂園，它犯下的規則型錯誤很少，而且也有完美的標準作業流程。它也是我的客戶。為什麼這麼說呢？在遊樂園裡面，最重要的就是兒童安全，這也是父母親最在乎的事情。迪士尼樂園非常清楚這件事的重要性，因此在設計兒童安全的標準作業流程時，不只在每個角落設有監視器，還安排員工站崗巡查，這樣的安排不只是為了引導遊客，還是為了關注每一位兒童的安全。因此，迪士尼樂園從創立第一天到現在，六十多年來從沒有丟失過一個小孩，也沒有任何一個小孩被綁架。因為很少犯下規則型錯誤，才能達到這種零錯誤的境界。

迪士尼樂園究竟如何做到零錯誤？關鍵就在於對員工的培訓徹底、完整。進入迪士尼樂園，可以看到每一位員工都是面帶微笑，他們都把每一個小孩當作自己的親人，所以每一個小孩到了迪士尼樂園都好像回到家一樣。迪士尼樂園擁有最好的監督和獎勵制度，讓員工做到零錯誤，也難怪迪士尼樂園在兒童娛樂產業一直是最賺錢的公司，主要原因就是幾乎完美的標準流程設計。

好的企業可以像迪士尼樂園一樣六十多年都不犯錯，不好的公司則是錯誤一個接一個發生。最近頻頻登上新聞版面的美國聯合航空（United Airlines）就是頻繁犯下規則型錯誤的典型案例。先是在二〇一七年因為超賣機位，將一位亞裔美籍醫生粗暴的強拖下飛機，引起軒然大波，雖然執行長親自出面道歉滅火，卻也挽不回整個公司形象，公司信譽遭受重創。

接著又發生好幾次爭議，像是服務員在飛機上大醉，服務員跟乘客起衝突等，這些很明顯都是規則型錯誤，其他航空公司都沒有這麼多爭議出現。像這樣在規則型錯誤上犯錯機率較高的企業，服務品質肯定參差不齊。

標準作業流程

規則型錯誤是企業裡面最多、也是最難改的一種錯誤，為什麼呢？因為一家有規模的企業，旗下員工不是上千、就是上萬，要把這麼多人全部都變成守規矩的人，難度實在非常高，只要有一、兩名員工不按規矩做事，整間公司的形象就會被破壞。就像美國聯合航空公司的員工跟顧客發生衝突，這些事情只要發生一、兩次，公司名譽就會大幅受損，全世界都會覺得這間公司非常糟糕。

除了服務業時常會看到規則型錯誤之外，在製造業，很多設備失效都可以歸咎於規則型錯誤。當員工不遵守規矩時，不僅會造成設備損壞，更嚴重的情況還會造成人員的傷亡，損失的代價相當高。我們的統計顯示，因為員工沒有遵守標準作業流程，企業受到的損失平均大約一〇%，規則型錯誤率較高的公司，損失可能高達一五%，換句話說，如果能夠把規則型錯誤變成零錯誤，企業盈餘馬上可以增加一〇%至一五%。

美國有家速食公司的老闆找我們幫忙，他有七十多間連鎖分店，卻一直無法獲利，他向我抱怨：「公司這麼多員工，常常不是這個違規，就是那個違規，結果我老是賺不到錢。」速食業競爭激烈，毛利率本來就很低，只有三%到五%，只要違規幾次，利潤就被侵蝕光了。例如，顧客投訴咖啡的溫度不夠，馬上就得倒掉重新再給新的咖啡，一些原本不應該丟掉的食物都被浪費掉，導致成本增加。又或是收銀結帳時，只要不小心少算一、兩件東西的費用，半天的利潤就不見了。雖然這都是一些很小的違規，但是小錢會累積成大錢，結果原本就已經很低的利潤被東扣西減，最後根本賺不到錢。

老闆很著急，問我該怎麼辦？我告訴他：「第一，你的標準作業流程設計肯定有問題，要重新改過。標準作業流程一定要符合人性，如果違反人性，一定會大小錯誤不斷，最後失敗。」我建議他根據人力重新設計標準作業流程，廚房設備也要改成最符合效率的動線，並大量自動化，花最少的力氣和時間，做最正確的事。

有了正確的標準作業流程之後，接下來就是思考要如何讓員工不違反規定。我向他解釋，員工會違規，有很多是因為遵守規定會產生負擔，因為原本的標準作業流程設計不良，實在太麻煩了。因此我們幫他設計一套沒有負擔與誘惑的標準作業流程，員工自然就不會違規了。改用新的標準作業流程後，公司立刻轉虧為盈，那一年也是公司創立以來最賺錢的一年。前後我們只花兩天的時間，就糾正公司所有的錯誤。但是一般老闆沒有受過訓練，不知道人為錯誤的問題癥結在哪，如何解決。對他們來說，人為錯誤彷彿一堆亂碼，無法解讀。但是我們每天都在處理人為錯誤，所以一眼就能看出錯誤的根本原因與因應之道。

同樣是速食業，我們的客戶麥當勞則是標準作業流程的模範生。麥當勞的標準作業流程寫得很好，包括員工穿戴的戒指、耳環，還有化妝都有一定的規定。所以麥當勞擁有最乾淨的廁所，員工的送餐速度永遠是業界最快。因為它有很完整的獎懲制度，甚至不定期有祕密客上門檢查，所以它的標準作業流程違規率也非常低。麥當勞和迪士尼一樣，因為違規率低，所以兩家企業的獲利都很亮眼，而且在服務方面有很好的品牌信譽。

麥當勞與迪士尼的成功，最大祕訣就在於標準作業流程都寫得很好，企業只要有良好的標準作業流程設計，就成功一大半，違規率一定大幅降低。但是一般的企業都不知道怎麼設計一套良好的標準作業流程。我們三十多年的研究發現，最主要的原因是大部分的標準作業流程都違反人性，充滿人為錯誤陷阱，使得員工很容易就掉入陷阱而違規。設計不良的標準作業流程甚至會誘導員工違規，因此要降低違規，標準作業流程一定要容易遵守，人為錯誤的陷阱要少。

故意違規與無意違規

一套好的標準作業流程要符合人性，不能違反人性。什麼是違反人性？簡單來說，就是不能要求員工做超出能力範圍的事。只要是人，注意力就有限，不只是注意力維持的時間，還有同時可以注意的事情數量都有限制。一般人最多只能同時注意三到五件事情，但如果標準作業流程要求員工同時注意十件事情，就會超出員工的能力局限。問題不是員工不遵守規則，而是他做不到，自然錯誤連連。因此，標準作業流程第一道最難的關卡，就是編寫要符合人性，這也是迪士尼跟麥當勞最成功的地方。第六章會詳細說明注意力的局限，在編寫標準作業流程時可以一併參考。

所以，想要編寫出一套好的標準作業流程，首先要先了解為什麼員工會違反規則，這樣才可以寫出好的規則，引導員工不違規。其實，每個人從小到大都有各式各樣的規則得遵守，上學要遵守校規、進入社會要遵守法律、工作要遵守公司規定，究竟為什麼還會違規？我們花了三十多年的研究發現，要了解違規這件事，最大的困難就是大家不知道為什麼人會違規，不但不知道違規的原因，而且不知道怎麼樣去調查違規的原因，以及如何改進。

舉例而言，當一輛汽車闖紅燈，違反交通規則，表面看似違規，實際上背後可能是兩種完全不同的原因造成，一是故意違規，二是無意違規。故意違規是指經過考量或潛意識衡量得失過後，決定違反規定；無意違規則是因為規定不健全，導致使用人違規。例如行道樹的枝葉茂盛，剛好遮住紅綠燈，讓駕駛沒注意到交通號誌，或是兩個紅綠燈的距離太近，造成煞車不及，這是無意違規。

要改進無意違規的情況，不能祭出處罰，因為懲罰駕駛人無法改善違規的狀況，下一位駕駛人還是會違規。因此，如果要改進無意違規的情況，就必須從制度或硬體下手。例如，如果紅綠燈被樹擋住，就把樹砍掉；如果兩個紅綠燈太接近，就設立警告牌，提醒駕駛會有連續的紅綠燈；或者拆除其中一個紅綠燈。不管是哪種情況，無意違規的改進方法要從制度或硬體改善著手，而不是懲罰違規者。

相反的，如果是上班族怕遲到被老闆罵，認為等紅燈耽誤時間才闖紅燈，這種故意違規一定要有嚴厲的懲罰。重點在於，懲罰帶來的痛苦必須大過違規的好處。懲罰如果太輕，違規者計算後，覺得闖紅燈帶來的好處大過罰鍰，因此寧願被罰錢，那麼這就是失敗、無效的懲罰。以上班怕遲到的例子來說，如果罰款的金額大於遲到被扣掉的薪水，那駕駛人就不會違規。所以，要改進故意違規，一定要讓違規者有損失，或者是把他享有的權利取消。唯有分清楚故意違規和無意違規的不同，才能夠對症下藥，真正降低違規發生率。

防範故意違規

防範故意違規最重要的是抑制違規的誘惑。這需要注意兩個重點：第一個是減少誘惑，第二個是阻止誘惑。減少誘惑包括減少工作不需要的負擔，以及減少環境中吸引人違規的因素。阻止誘惑一般則是以建立獎懲制度、偵測違規和樹立讓員工遵守規矩的文化為主。

在企業裡有非常多誘惑，包括逃避造成負擔的工作，像是工作時規定要穿戴防護安全的衣帽和安全繩，以及晚到早退、挪用公司金錢與公司資源等等。

我們團隊針對誘惑、抑制違規的誘惑（誘惑阻力）與違規率的相關性做了相當多的研究，進而研發出違規指數（NCI）。

$$\text{違規指數}=\frac{\text{誘惑}}{\text{誘惑阻力}}$$

這個指數是二〇一〇年雷伊・瓦爾多博士（Dr. Ray Waldo）率領的專家團隊，對二十七個組織進行的故意違規研究重新檢視分析，他把這些組織面對的各種誘惑量化。誘惑的總量就是違規指數的分子，他也把誘惑阻力量化，這些誘惑阻力包括被懲罰的風險和勸阻其他同事不要違規的意願。懲罰風險就是懲罰的嚴重程度乘以被抓的機率。瓦爾多博士發現，違規指數和違規率成正比。這個發現讓我們深受震撼，因為這代表故意違規唯一的變數是「誘惑」，違規的形式、公司的營運狀況和員工資歷深淺都與故意違規無關。只要能夠抑制誘惑，就可以減少故意違規。

當誘惑多的時候，違規指數會升高，違規率也跟著升高。反之，當誘惑阻力大的時候，違規指數下降，違規率會減少。利用這項研究，不但可以抑制違規的誘惑，更可以預測是否會出現違規。圖6.1就是我們利用大數據分析，從二十七種不同類型的違規，找出違規率與違規指數的關係。

在這項大數據分析中，我們發現，違規率與誘惑的多寡和陷入誘惑的阻力息息相關，之後我們會提到一九八七年在新加坡進行的研究。不過現在先來看一個大家都很好奇的問題。瑞士和新加坡是全世界犯罪率最低的兩個國家，就有瑞士朋友好奇問我：「為什麼瑞士監獄裡的人非常少，美國監獄裡卻人滿為患，兩國的差別在

圖 6.1　不同類型違規的違規率與違規指數

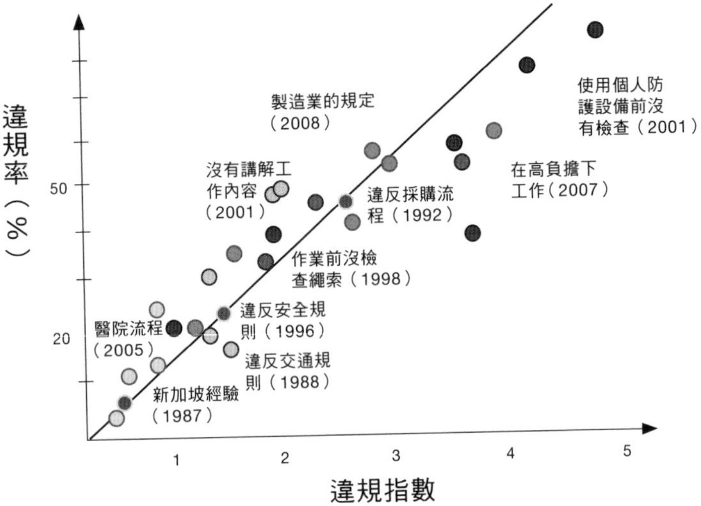

哪裡。」

首先是文化差異，以抽大麻為例，瑞士將吸毒當成一種疾病，而不是犯罪，因此面對吸毒的人，會協助他到醫療院所接受治療。在美國則相反，吸毒等同犯罪，所以得坐牢、接受懲罰。因為兩個國家對抽大麻的定義完全不同，自然影響犯罪率。

除了文化因素之外，更重要的差異是瑞士人、新加坡人非常守法，相較之下，美國人卻比較常違法。我們研究背後的原因，

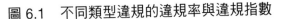

發現遵守法規第一個關鍵因素，就是法規有沒有造成負擔。當遵守法規造成的負擔過重時，違規率就高，如果遵守法規造成的負擔不大，守法的機率就會比較高。第二個影響守法意願的重要因素就是違規帶來的利益，如果利益誘人，自然違規的機率就高，有道是：「殺頭的生意有人做，賠錢的生意沒人做。」因此，如果懲罰大過利益，失去的比得到的更多，大家就不會選擇冒這種風險。

以違規超速為例，新加坡是超速一次，就處罰一次，懲罰率百分之百，在美國可能要超速一百次，才會被抓到一次，懲罰率是一%。一旦被抓到超速後，新加坡會祭出非常嚴厲的懲罰，如果是嚴重酒駕，還可能會承受鞭刑的處罰；相反的，在美國，第一次超速有申辯的機會，第二次再犯才會罰款。兩相對照，美國的懲罰太輕、執法率太低，所以法律對美國民眾來說沒有嚇阻的效果；反觀新加坡以嚴刑峻法聞名，新加坡大約有三十多條法律只要一違反，就是鞭刑伺候，相比之下，美國的法律寬鬆多了。

不過，如果只是一味加重處罰，卻沒有找出違規背後的真正原因，這樣的懲罰效果可能也不好。舉例來說，美國政府把吸毒當成犯罪，所以為了減少吸毒人口，不斷加重刑法，但是吸毒率依舊高居不下。主要原因就在於，沒有找出故意違規的真正原因。吸毒其實是一種文化現象，美國青少年把吸毒當成是一種娛樂或流行，而不是對身心的傷害；相較而言，歐洲則是把吸毒當成一種疾病，並積極宣傳吸毒對人體的傷害，包括吸毒後神智會不清，大小便會失禁等。但美國的青少年不知道吸毒會有如此嚴重的副作用，結果美國的吸毒人口持續攀升，監獄人滿為患。因此，除了嚴刑峻罰以外，找到問題的核心來對症下藥更重要。

決策者不只要防範員工違規，也要防範自己違規。自己違規會造成員工有違規的藉口，也可能踩到法律的紅線，例如控制市場價格、逃稅、汙染環境、取得不當收入等。有時候還會因為無法克制誘惑而突然垮台。在美國就有一些這樣的案例，像是美國總統尼克森（Richard Nixon）因為水門案下台、前那斯達克證交所董事長馬多夫（Bernie Madoff）因詐騙案入獄、以電視劇《天才老爹》聞明的電視明星比爾・寇斯比（Bill Cosby）因為性侵案入獄、美式足球員辛普森（OJ Simpson）

犯下謀殺罪等，都是很好的例子。

至於克制違規誘惑的例子，值得一提的是人工智慧專家、也是青年創業導師李開復。他的待人處事，以及面對違規誘惑的克制力，都是大家的模範。他在《世界因你不同》中提到：「千萬不要放縱自己，給自己找藉口，對自己嚴格一點。時間長了，自律變成為一種習慣，一種生活方式，你的人格和智慧也因此變得更加完美。」

在教養上，防範故意違規也是最重要的一環。因為同學的慫恿，常常會讓小孩變得不做功課、不上進、只求玩樂的生活。孟母三遷就是讓小孩減少違規誘惑的好例子。戰國時代大哲學家孟軻原本住在墓地附近，結果孟軻和其他小孩沉迷在辦葬禮的遊戲。孟母覺得不對，於是搬到市場旁，結果發現孟軻與其他小孩都沉迷在市場買賣的遊戲中。孟母又覺得不妥，第三次遷到學校附近，結果孟軻開始和其他小孩一起念書，知書達禮，最後成為影響中國最深的哲學家。

解決無意違規

許多老闆會問我：「無意違規和故意違規的概念聽起來很簡單，但是，違規的員工這麼多，要如何分辨他們是故意違規還是無意違規？」其實很簡單，只要當過爸媽都知道怎麼分辨。小孩常會跟爸媽說：「我今天忘了寫功課。」這是故意的嗎？其實，只要一個簡單的問題，就可以立刻知道答案：「你為什麼沒做功課，你是去哪裡做了什麼？」如果小孩回答，我今天去同學家玩，那一定是故意的。如果什麼地方都沒有去，一直待在家裡，什麼也沒做，那就是無意的。

簡單說，要分辨是不是故意違規，看的是違規者有沒有獲得好處。每次員工違規時，如果會得到某些好處或利益，例如闖紅燈是因為怕上班遲到，準時上班可以不被扣錢。當利益愈大，故意違規的機率也就愈大。相反的，如果員工違規以後，一點好處都沒有，或是好處很少，這就不是故意違規，因為沒有足夠誘因吸引他違規。

無意違規一般都是因為沒有控制好工作流程上的錯誤陷阱，這些陷阱有的來自流程對注意力造成過多負擔，有的則是流程寫得不清楚，或是要求員工記住太多事情，分攤掉原本應有的注意力。

美國一家大型連鎖藥局就為這件事頭痛不已。藥師常常沒注意藥品已經過期，就直接把過期的藥品交給病人，這不但會對病人造成生命危害，還會產生一連串的法律糾紛。藥局的老闆請我們去解決這個問題。我們調查之後，很快就發現問題出在遵守標準作業流程的負擔太重了。因為每一種藥品的到期日都不一樣，藥師每賣出一種藥，就得一個一個比對查驗是否過期。但是，藥師不只有這項工作，在忙碌的時候，注意力已經分攤給很多工作，因此檢查藥品的有效期限會對注意力造成很大的負擔，這也是藥師常常誤拿給病人過期藥品的主要原因。

我告訴藥局的老闆，如果將遵守標準作業流程的負擔變成零，違規就會消失。他一下子無法理解：「這怎麼會是負擔呢？只是比對一下日期，這是最簡單的工作，我兒子來做都沒問題，為什麼藥師做不來呢？」我向他解釋：「如果是你兒子來檢查，只要注意一、兩件事，但是藥師隨時都要注意三、四件事，增加任何需求都會對注意力形成負擔。」

為了讓這個說法更有說服力，我們做了問卷調查，針對公司五千位藥師發出問卷，問他們每天各種工作的負擔情況，結果有四千多位藥師提到查對藥品過期的負擔過重。為什麼會有這種感覺呢？因為公司為了減少違規，不斷加重懲罰，只要沒注意到過期藥，藥師就要被扣點、扣錢，甚至停止執業好幾天，這種懲罰帶來的壓力與負擔自然不小。

藥局老闆問我：「邱博士，這要怎麼解決？」我告訴他：「非常簡單，減輕他們的負擔。」我給他們一個全新的標準作業流程，重新修正藥品的分類系統。原本藥品是根據功效來分類，現在則以有效期限來分類，把有效期限同一天的藥品放在同個櫃子裡，這樣藥師馬上就知道每一櫃藥品的有效期限，不用特地一一去比對；第二個設計是，針對過期可能造成大幅危害的藥品增加提醒裝置，針對過期服用就有可能致死的藥物，在外包裝的瓶子上加裝一個計時器，只要有效期限一到，計時器就會發出聲響，就知道這瓶藥一定要淘汰。

為了證明這樣的調整有成效，我們首先在波士頓五個犯錯率最高的藥局進行測試，果然，負擔減少以後，就沒有藥品違規了。原本販售一萬次藥會發生七十八次錯誤，負擔減輕後，錯誤也降低到只剩五次。短短一個月，錯誤率只剩十五分之一，因為每一位藥師的負擔減輕，就不會違規了。確認這個修改後的標準作業流程有效之後，我們才推展到全美國的藥局。這種先試點再全面推行的做法很重要，後面還會詳細說明。但這裡要強調的是，只要找到違規的真正原因，就可以很快糾正。

防範惡意違規

除了考量是否故意違規以外，還要判斷有沒有不正當動機。任何故意違規都有動機，可能是為了獲取金錢、節省時間，或是增加權力，如果沒有消除這些不正當的動機，減少遵守規定的負擔，並加重不遵守規定的懲罰，違規就永遠不會改善。

故意違規可以根據情節的輕重分成三個等級：一個是衝動違規，顧名思義，衝動違規就是臨時起意違規，沒有任何計畫；二是計畫違規，這是事先規劃的違規，因為知道自己在違規，通常會選擇在沒有人注意的時候違規，不敢明目張膽；第三個是情節最嚴重的違規，就是惡意違規，這種違規通常會由一群人共同謀劃，刻意找尋制度漏洞，逃避追查，造成的傷害與損失通常最嚴重。

台灣二〇一三年發生的黑心油事件就是很嚴重的惡意違規。政府為了食品安全，規定要檢測油品中是否含有重金屬、農藥等有害物質，因此惡意違規的業者使用最高明的技術，將重金屬從劣質油中去除，讓所有的檢測都過關。他們擁有很強的實驗室，這個實驗室不是專注於提升食用油的品質，而是專門研究如何逃避法規，讓劣質油品能夠通過檢測。

美國海軍潛水艇的焊接工程也曾經發生過惡意違規事件。因為焊接的承包商是按件計酬，做得愈快就賺得愈多，所以承包商故意把焊接的溫度調高，焊料熔化的速度就可以加快二〇%，進而提高產量。而且只要把溫度調高一點，完工後從外表完全看不出來，不會有裂縫，也完全不會影響檢測。

不過，調高焊接溫度會讓焊料的金屬結構變軟，雖然當下不會有立即危險，但使用一段時間後，金屬結構卻可能會提早斷裂。海軍為了保障焊接品質，設有檢測標準，但要經過晶體分析檢測，才有辦法檢測出金屬結構出現改變，而原來的檢測標準中並沒有要求要測試晶體。就是這個漏洞讓長期合作的承包商興起歹念，惡意違規。大部分的惡意違規都是出自很聰明、擁有高技術的人，他們的技術高超，知道要怎麼做才不會被抓到，笨拙的人反而沒有這個能力。

碰到惡意違規的情況要如何避免呢？因為惡意違規很難從外部發覺，因此只能依靠內部舉發。美國海軍潛水艇的焊接工程違規後來會被發現，是因為有內部人爆料，因此，要改進惡意違規，必須建立一套很周全的內部人士舉報制度。

美國政府特別擅長設計內部人士舉報制度，特別是用在逃漏稅上。因為外部很難查到逃漏稅的證據，所以美國政府以超高額獎金懸賞，凡是能夠提供證據，一旦查證屬實，就可以得到追回稅收的三分之一。這樣的誘因使得美國逃漏稅被抓到的機率拉高，因為報稅涉及到財務、會計、法律顧問等等，想要避開這些人的監督並不容易。另外，美國政府還會不定期公布哪些大公司逃漏稅，共發出多少獎金等等，顯見有很多人因為舉報成為億萬富翁。想想一位會計師一年的薪水可能只有二十多萬美元，但舉報一次卻可獲得上億獎金，很少人能夠抗拒。此外，美國政府還有一套非常嚴格的保護舉報者制度，不但不會公布舉報人是誰，還會用各種方法保護舉報人，必要時甚至可以幫助舉報者改名換姓，完全保密。

至於像藥品造假、摻雜會致癌的有害物質等可能造成人命傷亡的惡意違規，美國政府還會把獎金加碼，鼓勵內部舉報，把這些劣質藥品賺取的獲利百分之百都給舉報者，總金額甚至比逃漏稅的舉報獎金更高。相比之下，台灣的內部舉報系統與獎金制度都遠遠不足，舉報人保護制度更是形同虛設，當舉報人的身分很容易遭到洩漏、獎金又不高的情況下，想要真正防堵惡意違規當然難上加難。

懲罰輕重與執法率

至於另外兩種情節較輕的故意違規，不應該祭出重罰，但也不能全都不罰。以衝動違規為例，公司規定在建築工地爬樓梯的時候必須要配戴安全繩，但有工人可能因為太累了，覺得沒爬幾層樓，所以就省略不戴了。他不是惡意違規，也沒有傷害任何人。他的衝動違規純粹只是因為太累而懶得配戴安全繩，如果因為犯下這類型的違規而把他開除，這樣的懲罰就太過嚴苛。比較適切的處罰是要他在大家面前坦誠犯錯，檢討自己為什麼違規，當他檢討完之後，通常下一次就不會再犯。

另外，計畫違規雖然也是違規，但是情節不如惡意違規重大，通常對公司造成的損失或傷害不大。例如，計畫早一點翹班回家，對公司的損失不算嚴重，因此初次違規可以給予警告，如果繼續違規，可以取消他的若干權利，這屬於中等程度的懲罰。

懲罰除了必須有輕重之分之外，還必須搭配執法頻率，否則，即使懲罰再重，被抓到的機率幾乎等於零，那麼重罰就形同虛設。美國司法部就曾經要我研究，為什麼新加坡的交通違規率只有三・五%，而美國的交通違規率高達七〇%，比新加坡高出十九倍？

因此，我們在一九八七年設計一項實驗，在新加坡的市中心，原本有一個限速六十公里的交通號誌，我們故意在兩條街之後，再增設一個新的號誌，限速四十五公里，用來測試有多少人會遵守法規，乖乖減速。在紐約，我們也做了同樣的實驗設計。兩地的實驗結果發現，在新加坡，看到新的號誌牌不減速的人只有三・五%，也就是說，每三十個新加坡人，只有一個人不減速、不守法規，美國則是九九%的人都呼嘯而過，只有一%才會乖乖減速。

為什麼兩國的違規率差異這麼大？根據我們的調查研究，原因出在懲罰的輕重與執法率高低。新加坡如果超速撞到人要處以鞭刑，而美國只是罰錢了事，甚至連罰錢的機率都很低；再者，因為美國交通違規的執法率太低，因此就算加重懲罰，民眾還是心存僥倖，認定不會被抓到。反觀新加坡每一個角落都有測速器，違規被抓到的機率是百分之百，因此民眾不敢輕易試法。也因為美國交通違規被抓到的機率幾乎是零，一次沒被抓到，二次沒被抓到，久而久之大家就養成習慣，不守法規。所以，我們給紐約市政府的建議是大量增設測速照相機，如此一來，違規被抓到的機率大幅提高，大家就不敢違規。

此外，懲罰制度也做出修正。在新加坡，只要被拍到違規超速，就直接罰款。在美國，即使被拍到超速，還有上法院解釋申訴的機會，但是法院根本沒有這麼多的人力，常常申訴到最後就不了了之。因此新的制度規定，只要被拍到超速就直接罰款。目前在紐約、芝加哥、丹佛、亞特蘭大等四個美國重要的城市都已經引進這套制度。

用獎勵代替懲罰

有時候，用獎勵取代懲罰的效果更好。前面提到建造潛水艇出現的惡意違規，當時海軍上校很緊張，打電話問我：「我們要建造四艘新的航空母艦，不曉得有多少人會做這件事，怎麼辦？」我跟他說：「不需要懲罰其他承包商，只要用正面鼓勵的方式，漸漸形成一個文化，讓那些不遵守規則的人自己願意改正，這樣，施工品質馬上就會提升。」

後來，我們安裝四百個攝影鏡頭，其中只有二十個鏡頭真的在運作，其餘都是假的鏡頭，沒有在攝影。但是，員工並不知道哪個鏡頭是真的在錄影，因此大家都不敢再違規。

不過，二十個正在運作的攝影鏡頭確實可以拍到違規的資訊，知道哪些員工有違規，哪些員工沒有違規。但不須用這些資訊來懲罰違規的員工，可以改用獎勵的方式，每個禮拜鼓勵認真遵守焊接標準作業流程的員工，這樣他們就會知道確實有在錄影。結果，用獎勵取代懲罰之後，不只焊接工作，安裝、測試工程的品質也都大幅提升。這種正面獎勵的方式，可以提醒那些想要違規的投機者，既然攝影鏡頭可以拍到遵守規則的人，當然也可以看得到正在違規的人，對於違規者心裡會產生警示作用。

「用獎勵取代懲罰」這套方法，我也用在五個小孩身上。我在他們的房間外面都裝上攝影鏡頭，有人會乖乖按時做功課，有人則會跑去玩，但我只會打電話誇獎有認真做功課的人，說：「你今天很棒，今天回家後就開始做功課。」我從來不責罵不做功課的人，每次打電話都只講好話、不講壞話，都是用充滿鼓勵的話，誇獎他們哪裡做得好，結果原本沒做功課的小孩，漸漸也就不敢不做功課。

規則型錯誤是企業最常犯、也最難改的錯誤。我們的大數據統計發現，無意違規的機率是一%，故意違規的機率則高達五%。因此，相較於無意違規，更需要注意故意違規的問題。只要找到違規的根本原因後，就非常容易改進。一家公司賺不賺錢，和標準作業流程的違規率高低密切相關。擁有好的標準作業流程設計，而且違規率低的企業，往往是最終贏家。前面提到的迪士尼、麥當勞都有一套很好的制度，避免員工有故意違規的念頭，也沒有無意違規的機會。只要做到這點，就可以真正成為零錯誤企業。

本章練習

▼列出自己犯過最嚴重的三個規則型錯誤。

▼這些錯誤分別是哪種類型的錯誤？是故意違規，還是無意違規？

▼未來你要如何預防這些錯誤？

Chapter 7
技術型錯誤

注意力像水桶的水一樣，如果一直放水，最後就會流光。如果沒有利用放空來拉回注意力，當你沒有注意力的時候，就有可能出意外。

全球航空的離奇事故史上，一定會把二〇〇九年法航四四七班機空難記上一筆。那年的六月一日，一架由巴西里約熱內盧飛往法國巴黎的班機，突然在雷達上消失。在班機確定失蹤後，法航的發言人就公開表示：機上的乘客與機組人員沒有生還機會。巴西、法國、西班牙與美國則立即派員搜索，但一週後只在巴西東北海岸找到部分殘骸，飛機主體則直到兩年後才找到。從打撈起來的飛機外觀判斷，飛機失速下墜時，所有乘客都還在飛機上。我的團隊負責調查這次的事故原因，從打撈上岸的相關證據顯示，正、副駕駛當時為了排除儀器的異常問題，沒有注意到飛機已經失速，當意識到失速警告大響時，已經來不及了，飛機就這樣整台撞進海裡。結果，機上兩百二十八人全部罹難，成為法國航空成立以來傷亡最慘重的事故。

這架班機的機長飛行時數超過一萬小時，技術純熟，為什麼會沒注意到失速警告？我們的調查認為，他犯下的就是技術型錯誤。

粗心大意

技術型錯誤用白話來說就是粗心大意。有些事情我們做了上千次，駕輕就熟，但偶爾會在不自覺的情況下犯錯。舉例來說，每天早上出門前，你的例行公事可能是起床後先喝杯咖啡，接著拿起公事包與車鑰匙出門。這個習慣早就印在你的腦子裡，所以幾乎可以透過本能來執行這些規則。但是，偶爾還是會出現鑰匙忘了帶的情況，這就是粗心大意。

開車也一樣。交通法令規定轉彎前都要打方向燈，所以你也養成這個習慣，但有時候還是會突然忘記，等到轉彎以後才發現沒有打方向燈。幸運的話沒事，不幸的話就發生事故了。對每一位汽車肇事者來說，沒有人想要故意撞車，但就算是熟悉駕駛技術的人，或多或少都有發生車禍的經驗，有時還可能造成人命傷亡，這些全都是粗心大意造成的結果。

在我們的人生中，從早到晚都有可能粗心大意，但問題在於，我們常常誤以為粗心大意就是生活中的一部分，無法解決。不過就像法航失事的情況，粗心大意造成的傷亡，跟知識型錯誤和規則型錯誤造成的傷亡一樣大。在我們蒐集的八萬多個案例中，技術型錯誤的案例高達一萬多個。這種錯誤理應可以避免，為什麼錯誤率還是這麼高呢？對此，我們在一九八八年發展第一代零錯誤方法的時候，就把粗心大意當作第一重要的錯誤來研究。

不過，我們的團隊一開始無法找出一套理論來完整解說所有的案例，這樣的瓶頸直到二〇〇八年才有真正的突破，這時我們已經研究這個主題二十年了。還記得我的團隊向我簡報這套「情境式腦容量不足模型」（situational brain insufficiency model）的情景。當時，負責簡報的麻省理工學院教授安德魯・卡代克（Andrew Kadak）帶來七顆彈珠，要來解說技術型錯誤發生的原因。

卡代克提到，我們的注意力有限，一般來說，小孩的注意力很差，一次只能注意一、兩件事。隨著年齡漸長，人的注意力會慢慢增加，到三十三歲時，注意力最好，平均可以同時注意到七件事情。然後每增加十歲，可以同時注意到的事情會少

圖 7.1 注意力程度隨年齡下降

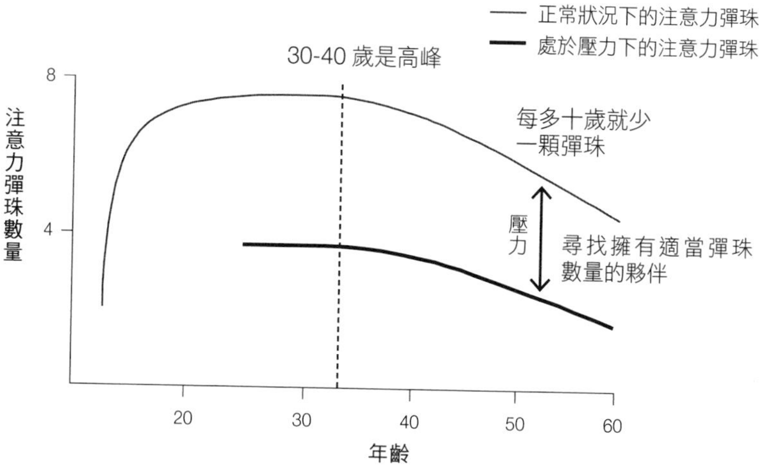

一件。他把我們可以同時注意到的事情數量稱為注意力彈珠（attention marble）。（見圖7.1）

另外，每項工作需要的注意力並不同，如果是一件非常複雜的工作，可能需要注意很多事情。卡代克把一項工作需要的彈珠數量稱為「任務彈珠」（task marble）。舉例來說，一位飛航管制員的工作需要注意飛行的飛機、降落的飛機在跑道上的滑行狀況、地面上的車子是否妨礙飛機滑行、控制台的指示，以及所有進來的資訊。他們必須同時注意五件事情，只要有一件事情沒有注意，就有可能犯錯，因此，飛航管制員的工作需要五顆彈珠。

根據卡代克的情境式腦容量不足模型，每個人注意力擁有的彈珠數量，如果少於一項工作需要的彈珠數量，就會出現腦容量不足（brain insufficiency）的情況，導致粗心大意出錯；相反的，如果注意力彈珠比任務彈珠還多，就不會出錯。（見圖7.2）

因此，是否粗心大意，取決於任務彈珠是否比注意力彈珠多。也就是說，要知道執行每項工作需要多少顆彈珠，然後判斷自己目前有沒有足夠的彈珠，只要注意力彈珠比任務彈珠還多，就不會粗心大意了。

人的特質會影響注意力

正常情況下，注意力彈珠的數量跟每個人的特質有關。這主要分三個部分，包

圖 7.2 情境式腦容量不足模型

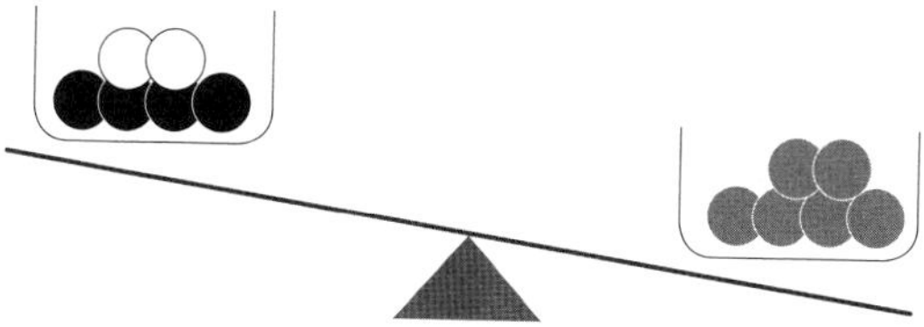

● 注意力彈珠
● 任務彈珠
○ 缺少的彈珠所導致的錯誤陷阱

括年齡、性別與教育程度。年齡的影響前面大致提過，我們的研究發現，在三十三歲左右會擁有最多的注意力彈珠。所以可以看到很多名人都在這個時候達到事業巔峰，像是鮑比．費雪（Bobby Fischer）稱霸世界西洋棋棋王的時間是二十九到三十二歲，拿破崙稱帝的時間是三十四歲。這些人不只擁有比常人還多的注意力彈珠，而且是在注意力彈珠最多的情況下趁勢而起，因此當情況有所改變時，他們都看得到，能夠及時應付。

性別也會造成差異。一般人在處理工作時擁有五顆注意力彈珠，因為女性比較擅長細節性的工作，所以處理細節的工作上有六顆注意力彈珠，比男性多一顆。以我的例子來說，我在家裡可能會忘記鑰匙放在哪裡，但是我太太一定會知道，因為她很注重細節，看到的東西就會記得；至於男性，則擅長目標類的工作，所以在處理這類工作上會多一顆注意力彈珠。會有這樣的差別可以追溯到原始時代，男性的工作以打獵為主，要瞄準獵物，而女性的工作一般以採集為主，像是採水果、蔬菜，需要注重細節，要知道採集的食物有沒有毒、在哪些地方可以找到。因為傳統的分工，導致男性與女性擅長的事情不同，在不同事項上擁有的注意力彈珠也跟著不同。

教育程度也會影響注意力彈珠的數量。我們發現，教育程度愈高，擁有的注意力彈珠數量就會愈多，因為受過長期訓練後，會習慣考慮很多事情，所以久而久之就會增加注意力。如果沒有長期在教室裡思考，那麼注意力彈珠的數量就不會增加。

有些人天生就有很多注意力彈珠，像是前面提過的亞歷山大大帝，我們分析他有十顆注意力彈珠。因為他有這種超特異功能，所以能夠看到很多打仗的細節，因此能在一生中打贏數百場戰役。很多棋王也有這種天賦異稟，他們要觀察整個盤面，能夠推算到後面幾步棋怎麼走、對手會怎麼出招，這些都與注意力彈珠的數量和品質有很大的關係。

另外，我們的研究也發現，如果是有注意力缺失（Attention Deficit Disorder, ADD）或注意力不足過動症（Attention Deficit Hyperactivity Disorder, ADHD）的人，他們擁有的注意力彈珠數量比一般人多幾顆，但是注意力彈珠很快就會消失。所以，他們面對有興趣的東西可以做得比別人好，但是對於很多事情興趣缺缺。例如比爾蓋茲、賈伯斯和愛迪生都有注意力不足過動症，彈珠都比一般人多，他們因為做著自己喜歡的事，所以很有成就。

工作難易度決定任務彈珠的數量

不同的工作，需要的彈珠數量不同。開車相對較單純，只要注意前面的交通狀

圖 7.3　正常工作會用掉多少彈珠

狀態	需要的彈珠數量	
解決複雜的問題	●●●●●	5
影響終生的決定	●●●●●	5
核能操作（事件反應）	●●●●●	5
工程設計	●●●●●	5
複雜的維護工作	●●●●	4
學習複雜的主題	●●●●	4
計算與分析	●●●●	4
吊車操作	●●●●	4
基於規則的維護	●●●	3
需要繫上安全帶的工作	●●●	3
基於規則的操作	●●●	3
堆高機操作	●●●	3
開車	●●	2
做熟悉的任務	●●	2
下樓梯	●●	2
穿上個人防護裝備	●●	2
走路	●	1

況與自己的駕駛操作，總共要注意兩件事情，也就是只需要兩顆彈珠。走路只需要一顆彈珠、做熟悉的工作需要兩顆彈珠、操作堆高機需要三顆彈珠、計算與分析需要四顆彈珠、解決複雜的問題需要五顆彈珠。（見圖7.3）

分心

另一個會影響注意力彈珠數量的關鍵跟所處的狀況有關。有幾個狀況會讓注意力彈珠消失，包括分心、疲憊、過度自信與時間壓力。

分心指的是做一件事的時候，心裡想著其他的事。也許你原來有五顆注意力彈珠，正在做一項需要四顆彈珠的工作，但是心裡想的事情可能分走兩顆注意力彈珠，結果剩下的注意力彈珠不夠用來處理手邊的工作，結果就出錯了。

我調查過一件分心導致死亡的案例。美國一家電力公司在更換地底的高壓電纜時，出現意外事故，導致兩個人死亡。對電力公司來說，更換地底的高壓電纜是個例行公事。因為地底會積水，高壓電纜長久浸在水中會老化，所以每隔四十年就需要更換。這份工作其實很簡單，早已有正確的標準作業流程。首先，一位操作員要在控制室把高壓電纜斷電，接著派兩位操作員進入管線間，其中一位操作員拿電壓器去測試高壓電纜已經沒有通電，確認安全無虞後，才與另一個人一起更換電纜。既然這份工作清楚明確，為什麼會造成兩人死亡呢？

原因出在有操作員分心了。這座電廠在地底有兩條平行的高壓電纜，而在控制室裡，這兩條電纜的通電開關就設在旁邊。按照標準作業流程，操作員先要指著要關掉的電纜名稱，並唸出來，例如指著開關，唸出Ａ１２３，確認關掉的是正確的電纜，接著才手動斷電。但是這天他分心沒有唸出來，所以誤把另一條高壓電纜斷電了，反而沒有把該更換的電纜斷電。

而且負責測試電纜是否已經斷電的操作員也分心了。他原本應該要先拿電壓器去測試，但不巧的是，他跳過這個動作，打算直接換掉電纜。結果，他的手一碰到電纜，高壓電馬上通過身體，因為電流超過心跳的電流，心臟馬上停止跳動。另一位操作員在旁邊，看到他嘴巴張得大大的，站著一動也不動，沒有注意到他已經被電死，於是推了他一下，結果也被電死了。

後來，為了調查這起意外事件。我們先詢問控制室的主管，問他負責斷電的操作員工作的情況，這位主管說，他前一天晚上幾乎沒有睡覺。為什麼呢？因為電廠最近打算要自動化，公司才在前一天宣布要裁員。這位操作員非常緊張，因為太太得了癌症，如果失業，將會喪失這份工作提供的醫療補助，這樣就無法負擔高額的醫藥費。因為他非常需要這份工作，所以前一天晚上還一直掛念這件事情，結果沒睡好覺，早上上班時昏昏沉沉的。他的主管發覺他有點不對勁，問他要不要回家休息，他還說不用，結果就因為沒有按照標準作業流程，弄錯電纜了。

接著，我們又詢問兩個被電死的操作員生前的情況。忘了用電壓器測試電纜的操作員單身，住在媽媽家，但他家是單親家庭，他的媽媽單獨撫養他長大，所以現在他也要支撐一家的家計，加上手邊沒有存款，一旦被裁員，也無法過生活，所以前一天晚上也跟家人談了很久，思考要怎麼應付公司的裁員。另外，出事那天天氣很熱，他的身體有些不舒服，導致平常都會做的事情就忘記做了，結果引發這次的事故。

遇到裁員這種重大的事情，可能會對心理狀態造成很大的衝擊，導致分心，這時，注意力彈珠會流失很多。舉例來說，在跟家人吵架之後開車出門，這時可能就有分心的危險。因為平常有五顆注意力彈珠，開車需要兩顆彈珠，但跟家人吵架已經耗費四顆彈珠，所以現在只剩下一顆彈珠，你無法一邊看著前方、一邊注意自己的操作。你可能不知不覺就開到目的地，但中間經過什麼地方都不記得了；不然也有可能出意外，造成自己或其他人的傷亡。問題就出在注意力彈珠不夠。

生理時鐘與疲憊

疲憊也會讓注意力彈珠減少。從人類的生理時鐘來看，凌晨三點鐘或下午三點鐘會少一顆注意力彈珠，早上與下午七點鐘的時候則是注意力最好的時候，會多一顆注意力彈珠。為什麼在三點鐘會覺得疲憊呢？因為人類的祖先都來自非洲，在非洲，下午三點是天氣最熱的時候，那個時候大家都在睡覺。經過十萬年的演化之後，雖然我們下午三點鐘都在工作，但頭腦還是進入半睡眠狀態，自己丟掉一顆注意力彈珠都不知道。我們的統計也顯示，最常發生事故的時間是三點鐘左右。所以如果你要做的工作需要五顆彈珠，那麼不要在三點鐘做。

另外，工作太久也會讓彈珠減少，這時不是生理時鐘導致的疲憊，而是體力已經耗盡。睡覺剛起來的時候也一樣，因為腦筋還沒完全啟動，如果要處理緊急的事件，擁有的注意力彈珠是不夠的。

本章一開始提到的法航空難就是因為這樣而失事。根據我們的調查，這場空難的起因在飛機的皮托管（pitot tube）。這是一個測速的機器，因為所有飛機的操控都要注意飛行速度，所以是非常重要的裝置。它的原理是，當氣流經過皮托管時，就可以換算成速度。通常一台飛機會有兩個皮托管，一台接在自動駕駛系統裡面，另一台備用。自動駕駛系統會根據皮托管測得的速度調整飛行速度。但是如果皮托管被冰晶堵住，外面的空氣進不來，就無法測速，這時自動駕駛會取消，改成手動駕駛。為了解決這個問題，新型的皮托管都會附上加熱設備，防止皮托管被凍住。不過這架法航班機配備的皮托管並沒有加熱設備，而且之前其他飛機的皮托管有類似問題，還曾被警告過該更換新型的皮托管。

在法航出事當時，飛機已經升空七、八個小時，正駕駛正在機艙後面睡覺，由兩位副駕駛操作。這時飛機進入一陣亂流，亂流裡的雲層有冰，把皮托管堵住，因為空氣無法進入皮托管，飛機改為手動駕駛。這在飛行的時候原本是很常發生的事，不過這片雲層一下有冰、一下沒有冰，使得皮托管時而有效、時而沒效，副駕駛看著警示燈一下亮、一下又沒有亮，瞬間慌了手腳。他們完全沒有看過這種情況，於是馬上找操作手冊要排除故障，但操作手冊也沒提到這種情況，因此才趕快把正駕駛叫醒。

正駕駛這時睡得頭昏腦脹，又很疲憊，剩下的注意力彈珠非常少。他馬上到機艙看控制系統，一看到警示燈一下亮、一下沒亮，也跟著緊張起來，說他從來沒有看過這種情況，所以三個人又趕快翻書找解決方法。但是，解決問題跟做決策一樣，需要五顆彈珠，要想以前的經驗、回想飛機的性能、要看儀器的圖表、看目前的狀況，還要用各種電腦來記錄。然而，正駕駛剛起床，注意力彈珠不夠，還有時間壓力要馬上做決策，結果很多東西都沒注意到，其中一個最重要的事情就是飛機正在失速中。

一架飛機的攻角（angle of attack，也就是機翼弦線與飛行間氣流的夾角）一般會控制在五到七度，如果超過二十度，飛機就會失速。在飛機快要失速的時候，駕駛桿會震動來提醒駕駛，但是法航的正副駕駛一直在找無法測速的原因，沒有注意到飛機的攻角已經慢慢增加，連失速時的駕駛桿震動都沒注意到，最後發覺飛機失速時，已經無法挽救。結果，飛機衝進海裡，機上兩百二十八名乘客都還坐在飛機裡面。

法航的正駕駛其實擁有豐富的經驗，但因為剛被叫醒，可能只剩三顆注意力彈珠，無法處理需要五顆彈珠的決策，在身心疲憊之下，沒有注意到重要的訊息，結果造成難以挽回的傷亡。

過度自信與時間壓力

另外，過度自信也會丟失注意力彈珠。為什麼呢？因為過度自信的時候，你會覺得這些事情已經做過很多次，自己是個專家，早已熟能生巧，不必注意周遭的狀況，結果情況已經改變也沒發覺。所以，原本擁有五顆注意力彈珠，可以做需要五顆彈珠的工作，但你可能自信滿滿，只打算用兩顆注意力彈珠來完成工作，結果就出錯了。

最後一個是時間壓力。時間壓力來的時候，大家第一個想法就是要把事情簡化。因為自己做不了那麼多事情，所以只能簡化事情，結果把所有的選擇都簡化，腦筋也跟著簡化了。舉例來說，人類在打獵的時候，原本好好的追著鹿，結果突然下雨了，你顧不得雨，整顆心都放在鹿上面，因為你知道如果不注意，那隻鹿可能會跑掉，但就因此忽略很多跟下雨有關的事情了。如果這時出現任何狀況，可能就會產生事故。通常在時間壓力下，注意力彈珠會少兩顆，如果你原本有五顆注意力彈珠，遇到時間壓力，就不能做需要超過三顆彈珠的工作，不然就會出錯。

這裡舉一個過度自信與時間壓力的例子，這是二〇〇七年在美國堪薩斯城一個傳統電廠發生的死亡案例。這個電廠的控制系統出了問題，需要逐步檢查好，排除狀況。有六個人進入電廠裡，結果旁邊一個跟控制系統無關的鋼管爆炸，在爆炸前，這個鋼管裡有華式五百度（攝氏兩百六十度）的蒸汽，壓力是每平方吋一千磅（PSI），爆炸之後，蒸氣噴出，以兩萬磅的壓力往人的身上打。因為發生的速度非常快，所以員工完全沒有時間反應，最後導致多位員工死亡。

問題出在哪裡呢？爆炸的地方是一個連接蒸汽機的控制閥，在蒸汽機運轉時，這個控制閥會開著，停機時則會關起來。因為舊的控制閥在停機時會漏蒸氣，導致控制閥受到腐蝕，所以電廠主管要求換掉這個控制閥。負責更換控制閥的人第一次做這個工作，賣控制閥的公司剛好沒有原來控制閥的型號，所以問可不可以用另一款控制閥。原先的控制閥跟新的控制閥不一樣，原先的控制閥開口是從小到大，所以蒸氣會沿著鋼管流出來，但是新的控制閥是直筒，蒸氣會像火箭一樣噴出，除非鋼管是不鏽鋼，不然鋼管很容易腐蝕。但是，這座電廠目前用的鋼管是碳鋼，不能使用直筒的控制閥，所以更換控制閥後不久，鋼管就爆炸了。

這個換控制閥的人犯了什麼錯誤呢？一個是過度自信，不知道自己其實沒有能力判斷新的控制閥適不適用，就自以為是的做出判斷，沒有詢問其他知道狀況的同事，也沒有自己去查證；此外，更換控制閥的時間是在電廠大修的時候，電廠少運作一天就少一天的收入，所以他有時間壓力必須盡快完成工作，結果使得跟他完全無關的人身亡。

其實，在更換控制閥時，如果能有人審查他的決策，就可以避免這個錯誤。後面我們還會談到在零錯誤文化中審查的重要性。

事情做太久

還有一種情況會使注意力彈珠消失，那就是注意力用得太久。這裡舉一個例子，這是二〇一一年發生在香港的一起意外。一位工作十五年的資深電力公司抄表員，在一棟大樓抄表的過程中，從三十二樓維修電梯的通道摔了下來。香港電力公司委託我們調查這起事故，想要了解為什麼熟悉工作流程的資深抄表員會意外身亡。

我們的調查發現，原本抄表工作一天只有六個小時，但那天有位同事請假，他接手同事的工作。發生事故的時候，他已經連續工作超過十小時，身體很疲憊，更糟的是，發生事故的時間正好是下午兩點五十六分，是擁有注意力彈珠最少的時候。

同時，這棟大樓的設計也有問題，抄表員沿著樓梯往下逐層抄電表，電表門都在樓梯右邊，左邊則沒有東西。但是，到了三十二樓，電表門一樣在右邊，左邊卻出現另一道門，這是為了緊急維修電梯設置的門，如果電梯臨時出狀況，維修人員可以從這裡吊掛下去維修。然而，兩道門的設計幾乎一樣，而且都可以用抄表員手上的通用鑰匙打開。這位抄表員沒有注意到開錯門，結果一腳踏空，才會發生意外。

我們的統計顯示，飛航管制員的工作需要用到五顆彈珠，專注力只有三十分鐘，所以三十分鐘之後就需要休息，讓注意力恢復。如果工作超過三十分鐘，就有可能犯錯。如果是做需要兩顆彈珠的工作，則可以做兩個小時，像是軍隊的狙擊手，只需要注意兩件事，一個是如果狙擊目標採取行動，就開槍射擊；一個是注意自己不被別人狙擊，所以不能發出任何聲響，保持偽裝。這樣的注意力可以維持兩個小時；如果是需要三顆彈珠的工作，則可以維持五十分鐘。像是學生上課時，需要聽老師講課，接著思考過去的經驗，以便與新的知識比較，另外還要用紙筆或筆電記錄。因此以前我在教書的時候，經常會看到上課五十分鐘之後，學生的眼睛就開始灰了、糊了。如果講得更久，他們已經不知道你在講什麼了，不是無法了解，就是無法拿過去的經驗比較，學習能力明顯下降。因此，上課到五十分鐘的時候我一定會下課休息一下。

另外，如果遇到家庭悲劇，注意力彈珠會消失高達四顆，離婚也會消失三・八顆彈珠，高壓的時間壓力會消失三・二顆彈珠，長時間工作則會消失二・五顆彈珠。（見圖7.4）因此，想要維持注意力彈珠永遠比任務彈珠還多，除了考量每項工作的內容以外，也要考量其他造成注意力彈珠消失的情況，不然很容易就會犯錯。

找回注意力的方法

當注意力用得太久，太過於專注，導致注意力彈珠全都消失時，就要想辦法找回來。這裡要介紹一套快速找回注意力的方法，叫做SLLS，這是我們專門為狙擊手設計的方法。狙擊是個生死交關的工作，必須潛伏不被敵人發現，而且需要長時間集中注意力，在這樣的情況下，利用SLLS方法可以最快找回注意力。

圖 7.4　不同狀態會喪失多少注意力彈珠

狀態	喪失的彈珠數量
心事重重（家庭悲劇）	4
心事重重（離婚）	3.8
時間壓力(感覺做不完)	3.2
半睡半醒(長時間工作)	2.5
時間壓力(感覺要趕工)	2
炎熱的工作環境	1.8
缺乏經驗	1.5
過度自信	1.4
半睡半醒(吃完午餐後)	1.3
毫無保留的信任感	1
生理時鐘混亂	1
二選一的決策陷阱	1
不知道自己的無知	1
自滿	1
老化	1

這套方法有四個步驟：

一、**停止**（**Stop**）：放下狙擊的工作，讓心情平靜。

二、**環顧四周**（**Look around**）：將原本的注意力轉移到周圍的環境，看看別的東西。

三、**傾聽**（**Listen**）：腦袋放鬆，聽聽周遭的聲音，聽聽鳥叫聲、灰塵落下的聲音，達到真正的放空。

四、**嗅聞**（**Smell**）：聞聞當下的氣味。

一般我們會要求狙擊手重複這四個步驟一分鐘，讓腦袋真正放空，注意力就會慢慢回來，做完這個練習之後，就可以再做兩個小時的狙擊工作。不過這並不表示可以一直重複找回注意力。狙擊的工作最多還是只能做八個小時，超過八個小時還是要休息。

當然，一般人畢竟沒有處在這種無法大幅移動的環境，這時，要讓腦筋放空就有很多選擇。我們的所有研究都顯示，找回注意力最好的方法就是走路。因為走路可以增進血液循環，只要起來走走，移到另一個環境，眼睛與鼻子聞到的東西就完全不同了，這時心情就會放鬆下來，跟SLLS的方法有異曲同工之妙。

另一個我覺得很好的放空方法是聽音樂。我們做了很多測試，發現聽音樂可以很快讓心情放鬆下來。以我來說，我常常在外面工作一做就是七十個小時，連睡覺的時間都沒有，但我沒有夠長的時間休息，因為緊急狀況還沒有排除，通常還有人受困意外現場需要救援。這時我都會打個盹，接著起來聽個古典音樂放鬆一下，將注意力拉回來之後再繼續工作。

利用制度來避免犯錯

當麻省理工學院與我們零錯誤公司搞懂注意力彈珠的事情之後，我們發現一切都海闊天空了，因為我們有一萬多筆資料，都是這種注意力彈珠造成腦容量不足造成的大事故，過去卻一直沒有辦法解釋。我們知道這些犯錯的員工非常想要把事情做好，不是故意要違規，只是不小心失誤，也許只是按錯一個按鈕，或是分心沒做些事情，結果就造成大事故了。

自此之後，我們根據這套模型，以及大數據與人工智慧，打造零錯誤的工作環境。我們可以判斷每項工作需要多少顆彈珠，然後根據每位員工的年齡、性別、教育水準，以及身處的情況，確認員工有多少注意力彈珠。如果員工的注意力彈珠不夠，意味著要把工作拆成兩、三份，讓一個人分次完成，或是交給兩、三個人來完成。

此外，我們還可以訓練員工保持充分的注意力。有些零錯誤公司已經利用一些制度來避免技術型錯誤，幫助員工找回注意力。舉例來說，三點鐘通常是人類注意力最不足的時候，所以日本豐田汽車（Toyota）會在三點鐘停工，讓員工做體操；我們一些美國電廠客戶也會在凌晨三點鐘放音樂做體操，幫助員工找回注意力彈珠。

另一個做法是，避免在下午三點鐘做高危險性的工作。像是我們給香港電力公司的建議中，有一點就是要求抄表員在早上十點、下午兩點到三點的時候休息一下，目的就是避免抄表員在注意力彈珠最少的情況下工作。

我們常說，注意力像水桶的水一樣，如果一直放水，最後就會流光。如果沒有利用放空來拉回注意力，當你沒有注意力的時候，就有可能出意外。所以對個人來說，注意自己還剩下多少注意力是很重要的事。當注意力彈珠不夠的時候，就要停下來，與其繼續做事情出錯，不如休息一下，恢復注意力後再行動。

本章練習

▼列出自己犯過最嚴重的三個技術型錯誤。

▼這些錯誤是什麼原因造成的？是分心、時間壓力、疲倦，還是有其他原因？

▼未來你要如何預防這些錯誤？

Chapter 8 設備失效

為了防止損壞機率一%的零件失效，我們會把正常運作的零件拆下來更換。但如果能偵測到零件即將失效，就可以省下九九%的維護費用。

二〇一一年三月十一日的日本大地震讓人記憶深刻，這個第一次結合地震、海嘯、核災的複合災害，造成上萬人死亡。其中影響最深遠的莫過於福島核電廠爆炸，造成爐心熔毀，輻射外洩，也引發全球對核能安全的疑慮。事件發生之後，美國政府好幾次向日本政府要求，希望讓我帶團隊去幫忙處理危機，但是日本政府都沒有同意。直到危機處理告一段落，日本政府才給我看相關的調查文件。看了這些文件，我很快就知道福島核電廠出了什麼問題。其實問題很簡單，都是設備失效常見的問題。

設備失效思維

在詳細說明福島核電廠出錯的問題前，先要對設備失效有個基本的觀念，那就是：每一個設備失效都是人為造成的。

設備要能正常運作，中間有很多環節都需要注意。從設備的設計開始就有可能犯錯，這些錯誤來源跟前三章提到的知識型錯誤、規則型錯誤與技術型錯誤完全一樣。以設備的設計來說，有些設計要靠設計者擁有的知識來完成，有些設計則早有標準化的規則，還有些設計工作重複性高，例如製圖工作。

但是在檢測設備失效的各種可能性時，設備的設計只是源頭，中間還有採購、製造、安裝、運行操作等環節可能出錯。像是在運行操作設備的時候，常常會因為人為錯誤把設備弄壞。就算沒有弄壞，維護的時候也有可能犯錯，有可能因為過度維護，而把好東西修到壞掉；或是該維護的時候沒有維護，這些都會造成設備失效。

當設備開始失效時，一開始會出現各種故障現象。如果排除故障的速度太慢，就會有很高的風險出現嚴重損失。有時可能是設備起火、有時是產能下降，甚至導致停產。這些情況都會造成資源浪費。

一九八七年十一月三日那天，我們五個人聊到，除了決策上的人為錯誤會造成傷亡外，設備失效上的人為錯誤影響最大，尤其麻省理工學院有八〇%的課程都跟設備有關。後來我們發現，沒有把人為錯誤放進課程裡是最大的缺點，因為我們都教學生怎麼設計機器、怎麼寫採購的規範、怎麼操作與維護設備，卻沒有教如何減少設備故障的問題，或是當有故障的徵兆出現的時候，要怎麼排除故障。我們發現這是工程界一個大漏洞：完全忽略人為錯誤對設備的影響。

後來我們發現，不只麻省理工學院，把美國、德國、俄羅斯、中國等國家的工學院都算進來，全世界一年訓練的工程師高達兩千萬人，沒有人知道在設備上遇到人為錯誤時該怎麼處理，又要怎麼減少人為錯誤，避免資源的浪費。

我們意識到這點的時候深受震撼，因為笛卡兒提過，什麼事情都要拿來分析、進行比較，來看看有沒有缺失，沒有思考人為錯誤對設備的影響，正是全世界工程界的大缺失。所以我們一定要把設備失效思維帶進工程界，尤其是受設備失效影響最大的製造和生產公司，以及電力公司。

以製造業來說，這些公司的資產除了原料以外，幾乎四〇%在設備上，當設備用得好，生產力就會相當高。如果資產用得不好，從設計、採購、製造、安裝、運行操作到維護都有問題，就會發現這家公司一直在賠錢。

至於電力公司，通常有二五%的資產在設備上，只要設備失效，也會造成最大的損失。我們的統計發現，不必要的人為錯誤和過分維護會使生產力下降一〇%到二〇%，而且資產會減損一五%，這是很大的一筆浪費。如果我們了解人為錯誤的影響，很快就能避免生產力下降與資產減損的情形。

設備失效中的人為錯誤模式

因此，我們開發零錯誤方法的時候，把工程界會碰到的人為錯誤模式（failure mode）分門別類，第一個看到設備和系統的設計錯誤，然後是採購規格錯誤、安裝錯誤、運行操作錯誤、維護錯誤、審查錯誤、故障排查錯誤與根本原因錯誤。

把這些錯誤全部列出來之後，我們發現一片完全沒有開發的新領域，這門學問就是失效工程。過去麻省理工學院教的都是正工程，談的是設備和系統怎麼設計、採購、安裝、運行操作、維護、排除故障，但是我們教的是反工程，也就是說，如果設備和系統的設計出錯會出現什麼現象？要怎麼防止設備和系統的設計錯誤、採購規格錯誤、運行操作錯誤、維護錯誤、故障排查錯誤，以及怎麼防止根本原因錯誤。當然，如果要防止每一項錯誤，就一定要有一套零錯誤思維，包括零錯誤設備和系統設計、零錯誤採購規格準備、零錯誤運行操作、零錯誤設備故障排查、零錯誤維護。

所以我們在麻省理工學院和零錯誤公司發展的第一套課程有一套模式：第一是說明什麼是零錯誤的設備和系統設計；第二，如果設備和系統設計有錯，達不到零錯誤，要怎麼用審查的方法找到錯誤。找到錯誤之後，重要的是要進行故障排查。所以我們開發零錯誤設備故障排查方法，在故障排查時找不到問題，可以用這套方法去審查故障排查的過程，確保能夠找出問題，保證百分之百成功排除故障。

在二〇〇二年以前，我們的第一代課程只教零錯誤的設備故障排查與根本原因分析，接著教零錯誤設備和系統設計；到了第二代，我們的所有課程都開發成功了，從零錯誤設備和系統設計、零錯誤採購規格準備、零錯誤安裝、零錯誤運行操作、零錯誤維護到零錯誤審查都有課程了。

第三代我們開始開發最強大的資料庫跟人工智慧。慢慢蒐集世界上各種設備失效案例跟失效模式，存進資料庫。這是一個長期而困難的工作，因為每一項設備呈現的失效模式並不相同，失效以後出現的現象也不一樣。舉例來說，假設一套電子控制系統失效了，如果問題出在接線鬆動，在探頭的地方鬆動與在資料處理器的地方鬆動，會出現不同的現象；如果是電容器出問題，那與接頭鬆動出現的現象也不一樣，我們的目標是要從這些現象反過來找到失效的原因。從一九八七年開始，我們團隊每一年都動員相當多的人力在蒐集案例，也到世界各地處理很多設備失效的問題，幾乎看遍所有失效模式。現在，我們的資料庫在設備失效上分成四個領域，包括機械、電器、儀控與軟體領域，並與四十多家公司合作蒐集到超過十一萬個案例，以及各種失效模式的深入研究，不但是世界上最齊全的資料庫和知識庫，而且可以很自豪的說，幾乎已經囊括所有可能的失效模式和失效過程和原因。

現在，我就從幾個著名的例子來說明人為錯誤對設備失效的影響。其實，很多設備失效的例子如果在事前察覺，就能夠避免嚴重的傷亡。

設備和系統的設計錯誤

先從設備和系統的設計錯誤說起。這類錯誤都是單項弱點，因此造成的傷亡通常都很嚴重。一九九五年六月二十九日的韓國三豐百貨倒塌就是著名的例子。

韓國三豐百貨是一棟五層樓的建築，在一九九〇年開幕時一度成為首爾的地標。但是，這棟建築在建造過程中更改設計，原先打算要蓋四層樓，業主擅自決定改為五層樓，而且把很多原本承重的柱子抽掉。更大的問題出在建造時使用的無梁板構造（flat slab construction）技術，這項技術是在沒有梁板的情況下，利用承重的柱子來撐住整個樓板。這項技術原本沒有問題，但是業主變更設計，原本承重的柱子裡需要有十六條鋼筋，硬是被刪減至八條，結果導致樓板不平衡，撐了五年還是倒塌了。因為倒塌的時間正好是白天，購物商場人潮眾多，在疏散不及下，造成五百零二人死亡。

另一個有名的例子則是二〇〇三年二月一日的哥倫比亞號太空梭爆炸。哥倫比亞號太空梭在發射的時候，絕熱材料的碎片從副油箱脫落，打到太空梭左翼的加強碳複合材料（reinforced carbon-carbon）的隔熱陶瓷瓦，導致太空梭的隔熱系統損毀，因此在升到大氣層十分鐘後爆炸。

哥倫比亞號太空梭會爆炸，問題出在隔熱的陶瓷瓦無法承受明顯的撞擊。這是單項弱點，因為這個陶瓷瓦就在太空梭外側，隨便一個東西落下都有可能造成脫落。陶瓷瓦脫落之後，整艘太空梭沒有隔熱保護，完全暴露在空氣摩擦力產生的高溫高壓下，結果太空梭就在空中解體，七名太空人身亡。

還有一個典型的設計錯誤的例子，就是本章一開始提到的福島核電廠。每座核電廠都有防水牆，避免海水灌進核電廠導致廠區停電，無法讓反應爐停止運作，福島核電廠也不例外。只是福島核電廠的防水牆高度是根據世界上近一百年來最高的海嘯資料來設計。那是一九三一年發生在智利的海嘯，高度是四・一公尺，福島核電廠以這個條件，將防水牆的設計往上增加二〇%，達到五・七公尺。可是三一一地震造成的海嘯高度高達十三公尺，遠遠超過原來設計的五・七公尺，結果海水淹進核電廠，核電廠無法緊急停機，導致爐心爆炸，輻射外洩。

仔細檢視這個例子，可以發現這是設計上的邏輯錯誤。這個核電廠為了避免海水淹進廠區，用了一百年的歷史資料，找出最大的海嘯高度，這是假設防水牆能夠抵擋一百年內發生的海嘯。但是核電廠要保證一萬年不能有核能外洩，這意味著實際上核電廠需要抵擋一萬年內的海嘯。

從人類歷史上來看，根本沒有一萬年來的海嘯高度資料。結果，突然間來了一個幾百年難得一見的大海嘯，防水牆根本無法抵擋。面對這種情況，在設計核電廠的時候，只能假設海嘯一定會來，防水牆不能當成主要的防護措施。主要的防護重點應該是當水淹進核電廠之後，如何啟動備用電源來防止廠區停電。現在，新一代的核電廠都會在附近的高處設置一個臨時的發電機，這樣一來，當海嘯導致廠區停電時，就能夠緊急供電，盡快將控制棒插入反應爐，讓反應爐停止發電。只要這個發電機不會被海嘯打到，確實送電進入廠區，就可以不管海嘯的衝擊。

不論是韓國三豐百貨倒場、哥倫比亞號太空梭爆炸，還是福島核電廠核災，主要的錯誤都是沒有看到設備和系統的設計有單項弱點，這是最容易犯下的第一個錯誤。整個設備和系統就會失效。

第二個在設備和系統設計上最容易犯下的錯誤是沒有系統性審查。設備和系統的設計時常很複雜，如果要確認設計沒有問題，都一定要進行多方面的審查。舉例來說，如果設計一套軟體，就要檢查軟體的計算有沒有錯誤，是不是符合標準，會不會因為硬體的損壞而造成軟體出問題。後面會提到一套審查的方法，只要透過分塊分段的審查，就可以找出設計錯誤。

採購規格錯誤

除了設備和系統的設計會出錯，採購規格也有可能出錯。最常見的錯誤就是採購時沒寫清楚設備要經過怎樣的測試，來證明這個設備是好的。很多公司在採購時只仰賴銷售的廠商，完全相信廠商的測試記錄。但是廠商的測試跟你想要的設備運作功能並不一定一致。廠商的測試通常專注在功能性（functionality），看能不能達到設備的功能要求，但是對於採購者來說，重點在於這個設備符不符合使用的條件。如果需要在特殊情況下使用這個設備，沒有經過測試就有可能出錯。

另一個採購規格錯誤出在沒考量單項弱點。採購重要設備時，需要有兩個以上的供貨來源，最好不要只向一家廠商來購買，因為如果這家廠商倒閉或不願意提供設備的時候，很有可能就會讓生意停擺。再者，就算是向兩家廠商採購，兩家廠商設備的原料來源也不能相同，否則，當原料無法取得時，一樣也有可能受到影響。

最近就有個讓人印象深刻的例子，那就是二〇一九年發生的日韓貿易戰。韓國三星公司在電晶體的製程上，使用的是日本高純度的氟化氫及光阻劑材料，結果日韓貿易戰開打，導致向日本進口產品受阻。其實這些材料美國也有生產，但因為無法臨時尋找到供貨來源，三星的產品生產連帶受到影響。

另一個典型案例是前面提過的華為。在中美貿易戰下，華為以安卓作業系統為主的手機面臨無法使用的窘境。不管是三星還是華為，這兩個情況都顯示出採購的單項弱點。如果三星在採購相關材料時，三分之一跟美國買、三分之二跟日本買，那麼當日本祭出貿易制裁時，就可以提高向美國購買的比重；同樣的，如果華為提早測試自己開發的作業系統，推出的手機中有三分之一用自己生產的鴻蒙作業系統，三分之二用安卓系統，當安卓系統不能使用時，還能全部轉成鴻蒙作業系統，這樣就可以避開採購的單項弱點。

安裝錯誤

設備在安裝時也時常出錯。其中最常碰到的問題就是尺寸算錯。一個很知名的安裝錯誤例子就是哈伯望遠鏡。哈伯望遠鏡在一九九〇年被倉促送上太空軌道，原本眾人期待可以馬上觀測外太空的景象。但是發射幾星期後，卻發現傳回來的相片有嚴重的聚焦問題，原來是主要的反射鏡弧度不對，讓光無法聚焦到同一點上。

會出現這個問題，就是因為鏡片的尺寸計算錯誤。因為哈伯望遠鏡的發射時程一再改變，導致製造望遠鏡費用超支，引發美國航太總署和製造光學鏡片的廠商珀金埃爾默（PerkinElmer）之間出現摩擦。珀金埃爾默在一九七九年就開始磨製鏡片，一九八一年完成。但哈伯望遠鏡的發射日期一延再延，尤其在挑戰者號太空梭爆炸事件之後，又延遲了好幾年，最後終於在一九九〇年才確定發射升空。結果在時程表改來改去下，珀金埃爾默在安裝鏡片完成後並沒有進行詳細測試，而美國航太總署也沒有認真審查，就把出問題的望遠鏡送上太空了。

為了處理望遠鏡沒有聚焦的問題，美國在一九九三年派另外一艘太空梭，把太空人送上去維修，終於解決無法聚焦的問題，拍攝的外太空照片才達到想要的品質。因此，如果想要避免安裝錯誤，一定要確認設備的尺寸是否正確，而且在安裝完成之後徹底進行測試。如果時間緊急，至少也要邊安裝邊測試，確保設備能夠正常運作。

審查錯誤

在所有防止設備失效的錯誤中，最重要的環節就是審查。笛卡兒的第四個原則就提到，每件事情都應該檢查有沒有缺失，但是很多時候我們會看到，即使設備和系統的設計、採購、安裝都設有審查人，後來還是會出錯。審查人總是無法在錯誤發生前查到問題。為什麼呢？因為審查人不知道要怎麼審查。

我們曾在一間全世界知名的工程公司進行審查方法與審查有效性的調查。這家公司以設計和製造複雜的機械和電子設備聞名，已經有兩百年的歷史。在還沒有教他們系統性審查時，我們拿出二十三份工程設計錯誤的報告來給他們審查，看看他們能不能找到出錯的地方，結果他們只能找出二〇％的錯誤。但是當他們了解到怎麼做系統性的審查，包括怎麼找出未經證實的假設和單項弱點之後，他們可以找出八〇％的錯誤，而且審查的時間也縮短了。

這裡舉一個有名的例子，就是發生在一九八六年的挑戰者號太空梭爆炸。挑戰者號載著七名太空人，其中還有一位高中老師麥克奧麗菲（Christa McAuliffe），這位高中教師打算要在太空中授課，所以有很多學生觀看太空梭的升空直播，不過挑戰者號卻在升空七十三秒解體爆炸。美國政府很慎重的組成羅傑斯委員會（Rogers Commission），要調查這次爆炸事故。調查發現，問題出在右側固體火箭推進器最後段的橡膠O型環密封圈，這個橡膠圈的功用是要阻止氫氣外洩。不過，挑戰者號上的橡膠圈只能在攝氏二十度以上的環境下正常運作，如果氣溫降到攝氏二十度以下，橡膠圈就會變硬，這時氫氣就會外洩。

但是，發射地點佛羅里達州的氣溫時常低於二十度。美國航太總署毫不在意，認為過去氣溫更低的時候也發射過好幾次，都沒有出過問題，所以就放行讓太空梭升空了。在國會的聽證會上，航太總署的相關人員對這項決定避重就輕，讓調查委員會成員、著名的物理學家費曼（Richard Feynman）大為光火，指責航太總署簡直拿太空人的生命「玩俄羅斯輪盤」。

這次事件的問題固然出在設計錯誤，但早在太空梭發射前，橡膠圈不能在攝氏二十度以下運作早已眾所周知。既然還有其他更符合使用條件的橡膠圈，為什麼這個橡膠圈還能夠通過審查呢？而且從審核記錄來看，包括設計人、測試人、工程公司、空軍、太空總署的職員，總共有十六個人簽名審核通過。為什麼他們沒做好把關的工作？

後來我詢問每個審核的人，原來設計這個橡膠圈的工程師是橡膠專家，所以其他人認為專家都這樣設計了，憑什麼去審查。所以每個人看到設計的工程師簽字，就跟著簽字了，結果實際上並沒有人審查。

這裡再舉一個近期的例子。這是南加州電力公司旗下一家核電廠發生的事情。核電廠裡一台大型蒸汽機運行一年就報廢了，導致核電廠停止運作，損失四十億美元。負責設計與製造蒸汽機的公司，還是全世界非常知名的蒸汽機製造公司。

一般蒸汽機的壽命有四十年，為什麼這一台一年就報廢呢？製造公司說，一定是電廠操作錯誤，導致蒸汽機壞掉，但核電廠說一切都按照標準作業程序操作。在兩方爭執不下的情況下，美國政府要我去調查這個問題。

我帶著二十多人的團隊，浩浩蕩蕩到製造公司去調查。就跟很多大型知名公司一樣，這家蒸汽機製造公司在製造與測試上並不馬虎，它在兩個大會議室裡堆滿所有設計與測試資料，而且每項資料都有審查人簽名。審查看來很嚴謹，每做完一項測試就會簽名，而且整套測試做完，又會在測試本上簽名。我看到從設計人、審查人、監督人、工程公司的管理階層、操作公司與審查公司的管理階層全都簽名了。我數了數，從裡到外有四十六個名字。因此這家公司的人跟我說：「我們的產品從沒有出過事，而且這個東西這麼多人審查，不可能出錯。」

確實，我調查一個多月找不出問題。我問他們很多問題，像是：「這個東西有沒有經過測試？」他們說：「有。」我問：「測試時有沒有出現震動？」他們說：「沒有震動，你看測試報告都有寫。」我又問：「那有修改蒸汽機的設計嗎？」他們說：「沒有。」得到的答案很簡單，每個環節都有做測試，全部沒有問題。

後來，某天晚上，我拋開這些測試資料，拿筆在一張紙上計算。我算蒸氣進到蒸汽機的速度，發覺跟資料寫的不一樣，而且差距高達一倍多。原本記載測試時的速度較慢，不會造成水管震動，但是我算出來的數字已經超過標準，會讓水管震動，導致水管破裂，損害機器。我覺得很奇怪，因為人工計算通常都是算出平均值，應該不會差這麼多。製造公司的人一直說一定是我算錯了，因為電腦怎麼會算錯呢？但我要他們給我一個解釋，說明為什麼我算的跟電腦算的差這麼多？

後來過了一個禮拜，這家公司的副總裁要求跟我們開會，到會議室的時候，他們七十多個人向我們二十幾個人鞠躬道歉，說他們出了一個人為錯誤。因為，兩個電腦程式在轉換的過程中，負責的人抓錯數字給另一個程式，導致之後的計算數字都有錯。因為大家都相信電腦不會算錯，所以沒注意到這項人為錯誤。結果好好的核電廠就提前報廢了。

幾年前我在麻省理工的零錯誤課堂上，問過學生一道問題：「什麼事情是最重要、應該做，但全世界沒有人做得好的事？」答案就是審查，這個答案沒有一個學生答對。審查是防止設備失效最重要的環節，如果能夠在審查的時候找出問題，就不會犯錯。但是，前面舉的各項案例中，全都有人負責審查。蒸汽機製造公司負責審查的人包括參與的工程師、工程部各級主管、獨立審查人、品保人員等高達五十六個，南加州電力公司驗收蒸汽機時也有二十二個人簽名，但他們沒有察覺到任何問題；韓國的三豐百貨大樓到完工時總共有二十個人簽字，福島核電廠也有十七人審查。既然每個大事故都有審查機制，問題出在哪裡？

我們的研究發現，審查人與製造設備的工程師需要的技巧不同。審查人需要知道人為錯誤的型態，以及錯誤可能發生在哪些地方，這樣才能找到錯誤，不需要懂工程，但是要會問問題。例如，審核挑戰者號太空梭是否合乎標準時，要問如果太空梭發射，橡膠圈的溫度可以承受嗎？審核的人不需要是橡膠圈的專家，就可以利用問問題來找出錯誤。所以審核的人與工程師的個性不一樣。如果全部是專家，就會出現盲點，查不出問題。

那該怎麼審查呢？我們開發的零錯誤審查方法，是一套三段十四點的檢測方法。簡單來說，第一階段要審查大觀念的部分，在這個階段需要審查四到五個要點；第二階段則要處理細節的部份，一樣審查四到五個要點；最後一個階段則要審查應用的部分，思考這個設備在應用上有沒有問題，同樣也是審查四到五個要點。

審查的細項重點包括設備的設計要求、各種運行情況、所有的假設，還要審查是否符合以前的經驗、所有的測試、穩定性等等，總共有十四項內容。不過為什麼要分成三段呢？因為第七章提過，我們的腦袋一次最多只能處理五件事情，所以一定要分段審查。這樣就可以從大的架構開始，確認大的方向正確、細節正確，以及應用面正確，才可以面面俱到。

實際上，如果可以在審查階段找出問題，基本上就可以避開全部的錯誤。不過目前大多數的審查都不確實，大家不是忽略，就是盲目的信任權威。其實，審查是零錯誤制度化很重要的一環，每一件事情、每一個錯誤都要審查，從報告錯誤、排查錯誤、設計錯誤、程序錯誤，每一個程序、每一個流程都要設有審查人。另外，不要忘記審查工作還有一個很重要的環節，就是審查假設。不管是審查報告、審查決策，都有一些假設隱而未見。忽略這些假設，就會導致之後遇到危機。

運行操作與設備故障排查錯誤

如果從設備和系統設計、採購規格、安裝與審查都沒有犯錯，設備開始運行操作時也有可能犯錯。要讓設備正常運行，最重要的就是要知道設備的單項弱點。在單項弱點的地方設置監測系統，而且至少要設計一個防護層，這樣一旦出現錯誤，就可以啟動防護層，防止設備失效。

當然，設備用久總會發生故障。很多時候，設備偶爾出現小故障，不一定能夠找出是哪個零件失效，常常等到設備整個壞了，直接整組換新。如果能夠即時知道哪個零件失效，馬上換新，或許設備還能繼續運作。三十年來，我們蒐集一萬多個設備失效的資料，已經整理出八千多個失效模式，知道各種情況的設備失效會產生什麼現象。加上利用我們的大數據與人工智慧，現在可以很快比對出設備出現什麼問題，快速排除故障的現象，還會知道設備的某個零件可能會失效，或是在哪一天失效。

因此，我們這套系統現在可以幫助很多公司防止大型事故，也可以減少過度維護。因為一有故障現象，就可以知道哪一天失效，什麼時候失效，這樣就可以做到即時維護，甚至可以省下二五％至五〇％的定期維護費用。過去，為了防止損壞機率一％的零件失效，我們會把正常運作的零件拆下來更換。但如果能偵測到零件即將失效，就可以省下九九％的維護費用。尤其如果這個設備是一艘運輸艦，還可以同時省下攜帶眾多備用零件的成本，船體的載重量減少，馬力速度就可以增加，也可以更省油。

現在，我們幫美國海軍製造商規劃的零錯誤方法，已經可以做到即時排查故障。舉例來說，現在海軍製造商使用「非正常訊號分析」（abnormal signal analysis），這個概念是說，當某個零件壞掉時，會出現很多訊號，過去我們都不清楚這些訊號的意義，可能忽然一個訊號出現，一下又消失了。但現在我們的資料庫可以知道各個訊號代表的是什麼失效模式，確實找到有問題的零件。這樣的話，就算是在兩軍交戰下，也可以一邊打仗一邊排除故障，確保設備正常運作。

根本原因分析

如果能夠做好零錯誤設備失效先兆排查，這是好事，畢竟這是在設備沒有出問題時事先防止失效。但是，如果設備已經失效了，就需要找出導致失效的根本原因，藉此避免未來再犯相同的錯誤。如果以人類來比喻，故障排查比較像是醫師，在人還沒有死去以前治好病，根本原因分析就像驗屍官，在人死後驗屍，找出死亡原因。這兩件事情都很重要，但是故障排查可以減少相當大的資源浪費，因為很多東西不需要定期修理，因此可以用偵測跟快速排查的方法，減少不需要的維修。

我們的統計發現，設備失效與人為錯誤發生的機率是一比一。而在設備失效中，發生機率最高的是維護錯誤，第二高的是設計錯誤，接著是設備故障排查錯誤，接下來則是安裝錯誤。我們發現，這是全世界兩千萬工程人員都必修的一門課。隨著我們的資料蒐集與經驗的累積，現在已經可以解決所有設備失效的問題，可以在設備與程序上達到零錯誤的目標。

本章練習

▼ 列出公司裡三種因為人為錯誤造成的設備失效。

▼ 這些設備失效是哪個類型的人為錯誤造成？

Part 3

零錯誤管理

Chapter 9

打造零錯誤企業

發明六個標準差的是曾風光一時的手機巨頭摩托羅拉，將六個標準差發揚光大的則是美國奇異公司前執行長傑克・威爾許。諷刺的是，這兩家公司全都面臨衰敗的命運，它們到底出了什麼問題？

前面已經介紹過零錯誤思維、三種人為錯誤與設備失效，相信大家對人類為什麼會重複犯錯有了更深刻的了解。不過，零錯誤思維不該只停留在思考上，更重要的是要落實到每天的工作與生活中，這樣才有意義。而且，如果公司裡只有一、兩個人擁有零錯誤思維，那零錯誤就只是一時的現象，當擁有零錯誤思維的人離開公司後，公司可能又會跟過去一樣錯誤百出。因此，零錯誤必須制度化、標準化，這樣才能在企業生根。

其實，開發第二代零錯誤方法的時候，許多來找我們處理危機的公司都執行六個標準差的管理模式。這套管理方法曾經稱霸製造業，用來改善產品製程與品質。這套方法要求每生產一百萬個產品，有瑕疵的不良品不能超過三．四個。發明這套方法的是曾風光一時的手機巨頭摩托羅拉，而它的最大信徒與發揚者，則是美國奇異公司前執行長傑克．威爾許。諷刺的是，無論是六個標準差的發明者摩托羅拉，或是發揚者奇異，如今一家已經不斷被轉賣，另一家則瀕臨破產，兩家六個標準差的最佳代表公司，都面臨衰敗的命運，作為最受推崇的品質管理方法，六個標準差究竟出了什麼錯？

超越六個標準差

六個標準差的管理模式可以追溯到一九二〇年代物理學家瓦特・薛華德（Walter Andrew Shewhart）發明的品質管制表（control chart），一九五〇年代，美國統計學家愛德華・戴明（Edwards Deming）受邀去日本演講，推廣品質管制的概念，將這個品質管制表發揚光大，也帶動日本製造業的興起。到了一九八〇年代，摩托羅拉率先發明六個標準差的管理方法，連結品質管制表與統計原理。這套方法簡單來說是五個步驟的循環，包括定義（define）、衡量（measure）、分析（analyze）、改善（improve）與控制（control）。（見圖9.1）

這五個步驟的流程如下：第一個步驟是定義問題。舉例來說，汽車製造商要製造螺絲，要先定義怎樣的螺絲才是合格品，例如公制螺紋外徑應該要是六毫米、螺

圖 9.1　六個標準差的原理圖

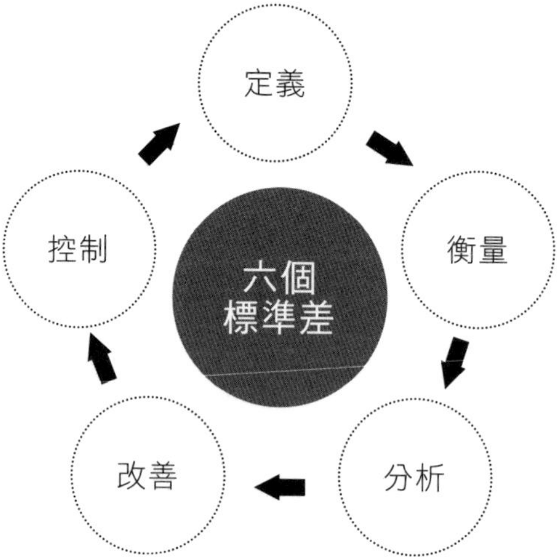

距則是一毫米，如果超過某個標準或低於某個標準都會被判定是瑕疵品；確認這個標準之後，第二步是要衡量，測量製造的產品是否符合第一步驟提到的標準；第三步驟則是進行統計分析，判斷有多少比例的產品不符標準。如果不符標準的比例過多，就表示是生產流程有問題；如果生產過程有問題，那就要找出改進方法，這就是第四個步驟；確實改善之後，就可以控制產品的品質。接著為了讓品質更加精進，會定義一個更嚴格的標準，持續精進，達到產品品質符合六個標準差的境界。

隨著精實生產（lean manufacturing）的管理方法盛行，六個標準差也精進成精實六個標準差（lean six sigma）。簡單來說，就是一邊用六個標準差的方法來控制流程，一邊用精實生產的方法來控制資源浪費，希望能藉此加快改良的週期，快速大量製造零瑕疵的產品。但是實際上這個方法實行起來卻是一個遙不可及的夢想，一般公司只要做到三個標準差到四個標準差的目標就很不容易了，更遑論要做到六個標準差？實行這套方法的公司很多都遇上瓶頸，原因就在於沒有考量人類的各種限制與人為錯誤。

就以摩托羅拉與奇異來說，這兩家公司犯的都是決策上要做做錯的人為錯誤。摩托羅拉錯誤評估軟體開發的時間，導致軟體週期無法跟上市場的腳步，奇異則是連續判斷錯誤，選擇了錯誤的投資項目，如能源投資等，這些都是人為錯誤，而不是設備或製造的錯誤。因此，我們提出超越六個標準差（beyond six sigma），這是要在精實六個標準差的管理方法上加上人為錯誤的考量。（見圖9.2）

圖 9.2　超越六個標準差

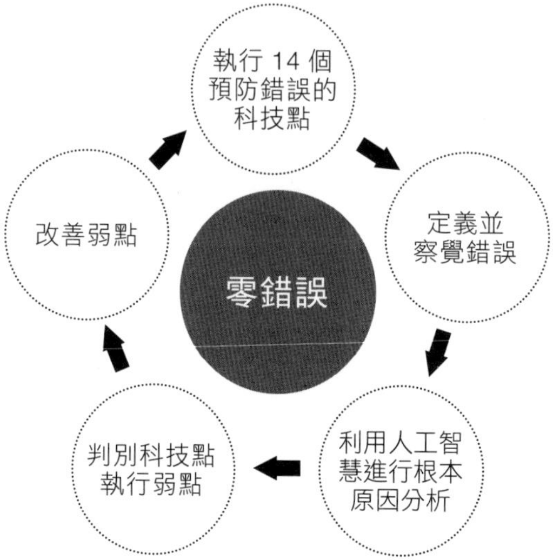

超越六個標準差的方法也是一套五步驟的循環：第一個步驟是執行十四個預防錯誤的科技點，接著則是定義與察覺錯誤，然後利用人工智慧進行根本原因分析，找出錯誤發生的原因，最後判別科技點執行弱點，找到改善弱點的方式。

這套超越六個標準差的方法，最重要的關鍵就是十四個科技點，這是在一九八七年決定創業的那天晚上，我們幾個人用笛卡兒的方法，把問題分解所找出需要開發的十四個科技點（請見第20、21頁的圖1.1、1.2以及第23頁的表1.1）。這些科技點不像六個標準差只考量企業流程，還加入制度與組織的人為錯誤考量，只有這樣才能防止人為錯誤重複發生，成為真正的零錯誤企業。

這十四個科技點是針對人為錯誤的各種源頭進行預防。只要執行這十四個科技點，就會切斷所有錯誤的來源。我們的調查經驗發現，很多公司學到一些減少錯誤的方法，但都只是片面執行。有些公司教導員工避開十個錯誤陷阱，有些公司則教導領導人減少決策錯誤，還有些公司會教導編寫程序書的人一些片面減少錯誤的方法，或是有些公司教導設備根本原因分析，這些片面的方法都有一時的效果，但不能持久，因為在沒有注意到的地方會出現更多錯誤。結果，在注意到的地方錯誤減少了，在沒有注意到的地方錯誤卻增加了，犯下的錯誤總數並沒有改變。

這十四個零錯誤科技點每一項都有詳細的理論與研究數據，每一項科技點都可以寫成一本書，在這一章裡，我們挑選零錯誤方法比較容易了解的七個零錯誤科技點，介紹其中七項科技點的原則，讓大家可以快速理解其中的精髓。

零錯誤程序與流程準備

第一個要說明的是零錯誤程序與流程準備。隨著企業規模愈來愈大，企業會漸漸建立起制度，設計各種內部流程。但是很多企業的流程都是靠經驗與直覺來建立，並沒有從零錯誤的思維來考慮，以至於這些流程與制度的好壞全都受設計者的影響，有時候會產生很多錯誤，有時候錯誤又很少，並沒有一個共同的標準。因此，我們的方法要求程序和流程準備標準化，設計一個又快、又好、又便宜、又不能出錯的零錯誤流程。

舉例來說，有家著名的跨國藥廠來找我調整製造疫苗的流程。它們製造的是避免牛隻與豬隻等動物生病的疫苗。它們遇到的問題是，從培養病毒株到製造成疫苗要花六個月，中間的流程包括在其他動物裡培養病毒，接著把病毒提煉出來以後消除毒素，產生抗原，最後濃縮成疫苗。這六個月中間只要犯下一點錯誤，或是製造過程中有一點感染，整批疫苗就要丟棄。很可能只是一台設備的控制閥沒關好，或是製程中的溫度高一、兩度，導致病毒太多，疫苗就無效了。結果每年要丟掉很多疫苗，損失一、兩百萬美元。後來我們引進第二代的零錯誤方法，幫這家公司建立整個零錯誤流程，不再生產出不合規格的疫苗。光是這樣，獲利就馬上增加一五%。

前面也提過連鎖賣場的輪胎部門連年犯錯的例子，只要能設計出一套零錯誤程序與流程，在營收與獲利上馬上就能看到成果。

零錯誤單項弱點判定與防護層設計

單項弱點的發生機率很高，所以每一個人、每一項工作都要找單項弱點，找到單項弱點以後，如何讓單項弱點不再是威脅？那就是接下來要介紹的零錯誤科技點：防護層設計（Layers Of Protection design, LOP design）。

前面提過，工程界很早就有單項弱點的概念，叫做「單一失效」。任何一種零件的失效，會造成整個設備的失效，就叫做單一失效點。在工業設計時，為了防止

「單一失效」，會另外設計補救零件，叫做備援（redundant），以防止單一失效點出事之後，發生致命性的後果，完全無法彌補。防護層也是這個概念。首先，如果發覺單項弱點，能夠消除是最好，但是如果單項弱點無法消除，就必須設立防護層，避免單項弱點的影響。

防護層是利用硬體與軟體，在錯誤發生時避免產生無法承受的後果。舉例來說，為了避免插頭插反，插頭設計成正、反面的形狀不同，這樣就永遠不會插錯。其他簡單的硬體工具還包括標語、標誌、監視鏡頭。在可能出錯的環節放上簡單的標語，警告需要注意什麼問題，這種防護層簡單又便宜。或是像前面我們提過的，藥瓶上的過期警報器，也是防護層的一種。

另外，人員也可以作為防護層。專門派一個監護人員或小組長在一旁監看，或是利用攝影鏡頭或手機視訊，讓監護人員可以遠端監看工作的進行。一旦發生操作錯誤或是沒遵守規則，監護人就可以立即給予警示告知，如果是重要的操作，則必須遠端的監護人同意後，才能執行。

在設計防護層的環節，要注意的是成本與效益的考量，有些防護層雖然可以有效防護單項弱點，但是代價卻很高昂。舉個例子來說，如果每項決策都要找五、六個人審查，審查緩慢就算了，決策帶來的效益可能無法負擔這五、六個人的人力成本；不過也有些防護層很簡單，卻很容易失效。像是第六章提過的電廠事故，控制室的員工在關掉電纜通電開關時，原本應該根據標準作業流程，念出關掉電纜的號碼，卻因為分心而沒照做，這樣的防護層雖然簡單，但有時也會無效。

防護層的設計多樣而複雜，需要根據單項弱點的狀態與自身的條件來做選擇。如果不幸發生單項弱點無法取消，又無法設置防護層時，就必須要另外擬定其他計畫，把單項弱點的破壞性降到最低。

零錯誤個人和員工、零錯誤領導人和經理人

接下來，要將零錯誤落實至企業制度，一定要有兩項很重要的技術，第一個是

圖 9.3 零錯誤的工作設計

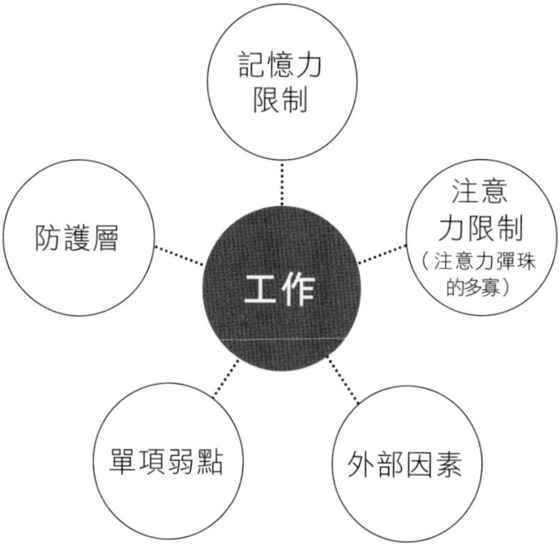

零錯誤個人和員工，第二個是零錯誤領導人與經理人。

這兩門零錯誤入門課是要保證不管個人還是員工，領導人還是經理人完全不犯錯，前提就是要有零錯誤的工作設計。如果要讓一項工作達到零錯誤，需要考量五個因素，包括：記憶力的限制、注意力的限制（注意力彈珠的多寡）、外部因素、單項弱點與防護層（也就是預防單項弱點失效的措施）。（見圖9.3）

首先，要確認每個人的天生

限制。這有兩項因素，一個是記憶力，一個是注意力。

另外，也要考慮外部因素，像是時間、其他人的行動、環境條件等等。當然更重要的是有沒有單項弱點，如果有單項弱點，是不是有防護層。

了解一個零錯誤工作的設計之後，每個人也要自行檢查自己是否符合執行零錯誤工作的條件。前面提過要了解自己是內向、外向，左腦思考、右腦思考，還要知道今天自己的單項弱點有哪些、每天可能遇到的陷阱、錯誤有哪些，是知識型錯誤、規則型錯誤、技術型錯誤，或是分心。如果因為昨天熬夜太晚，今天上班時很累、精神不好，這種精神狀態，我們叫做「精神弱點」，很多員工上班時都會有「精神弱點」，當發生「精神弱點」時，就要留心自己是不是容易發生各種型態的錯誤。自行檢查以外，也可以同事間互相檢查，如果有問題，就要尋找補救的方法。（見圖9.4）

當然，最重要的還是要認清自己，在執行工作時有沒有單項弱點。如果可以消除單項弱點，就盡量取消，如果無法取消單項弱點，就要加上防護層，或是準備其

圖 9.4　自行檢查目前的狀況

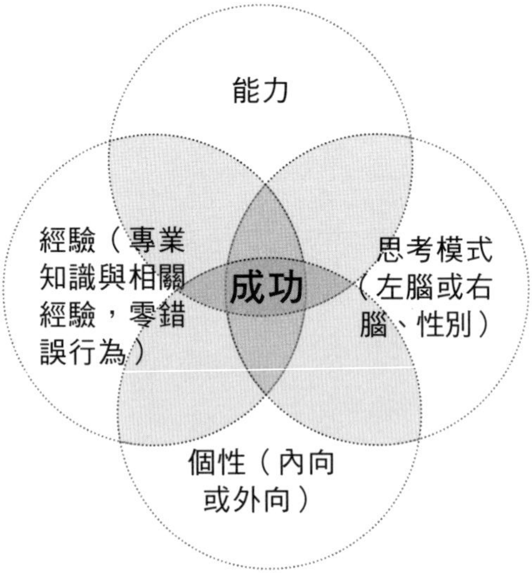

他計畫。最後，要把無法處理的單項弱點全部紀錄下來，每一天統計，那些沒有保護的單項弱點是顆不定時炸彈，需要隨時警覺。

為了應付每天的單項弱點，我們開發的零錯誤軟體可以幫助企業，針對這些單項弱點進行管理。這套軟體要求所有人輸入當天的單項弱點，然後彙整給公司的領導人，領導人可以即時了解全公司有多少單項弱點，更重要的是還有哪些是沒有保護的單項弱點。當領導人看到沒有保護的單項弱點，就要去分析沒有防護層的原因。如果是因為經費、資源不足，所以無法處理單項弱點，領導人當下就可以決定增加資源或經費，例如增加硬體防護層、增派兩位監護人，或者花錢去找專家來協助建立防護層。我們看到很多企業高層之所以無法迅速應付單項弱點，是因為很多單項弱點在基層看不到的地方，基層的員工不見得有辦法將問題反映到高層。因此，透過這個做法，可以避免錯誤發生而導致嚴重後果。

零錯誤人員績效的根本原因分析

但是，如果錯誤還是發生了，該怎麼辦呢？這時就需要針對錯誤進行根本原因分析。進行根本原因分析的目的不僅是要分析是防護層發生錯誤、程序設計錯誤、還是員工行為指引錯誤。我們公司研究發現，最好的零錯誤根本原因分析還要針對犯錯人員的心態、外部因素和單項弱點的原因深入探究，找出錯誤的根源。這些根源跟組織制度都有相當密切的關係。當一個公司成功的執行十四個技術點時，所有錯誤都可以預防。當組織制度有問題的時候，就表示這十四個技術點執行得並不徹底，還有缺失，這些缺失才是沒有預防到錯誤發生的根本原因。這種方法是以預防為主的根本原因分析，與很多公司用的事故處理為主的根本原因分析並不一樣。以處理為主的根本原因分析一般只要找到犯錯的人或錯誤的制度，然後懲罰犯錯的人或修改錯誤的制度就結束了。但制度和員工為什麼會出錯都沒有深入的研究。找出不能預防錯誤的根源，才能提出針對性的解決方案，預防以後的錯誤發生。

設備故障也要做根本原因分析，在這個分析中，第一個步驟要找出設備為什麼失效，接著再看這個失效是由哪些錯誤和組織制度的缺點所造成。第一個步驟的設備失效分析十分複雜，要考量所有失效模式，然後用偵測到的失效現象和可能的起因來找到真正的失效原因；至於第二步驟就是前面提及的人為事故根本原因分析。

第三代零錯誤方法已經利用人工智慧技術，將這種零錯誤人為事故的根本原因分析方法和零錯誤設備故障的根本原因分析方法結合起來，開發自動分析軟體。

圖 9.5 讓組織達到零錯誤

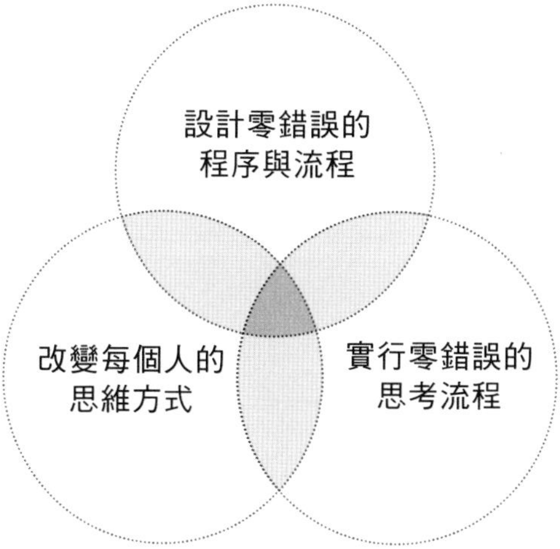

零錯誤組織和流程的根本原因分析

組織要達到零錯誤，需要有三項條件搭配，包括流程與程序要有零錯誤的設計；還要改變組織裡每個人的思維模式；最後要實行零錯誤的思考流程。（見圖 9.5）但是組織和流程也跟人一樣，經常有可能犯錯。如果有出錯，也要做根本原因分析。分析組織的資源是否足夠？人力是否充足？人員的素質是否合格？如果組織的資源與人力都不能勝任，訓練也不足，都會導致錯誤出現。

無論是分析組織流程的問題或是人為錯誤的問題，從二〇〇八年開始，我們結合人工智慧和大數據資料庫，開發出一套零錯誤軟體，這是第三代的零錯誤方法。只要在零錯誤軟體輸入事故的過程和現象，就可以立刻找出人為錯誤和組織制度的錯誤內容為何，然後改進。

零錯誤共同原因分析

下一個零錯誤方法也早已與人工智慧軟體結合，打造出零錯誤共同原因分析，把每一個人為錯誤、每一個組織錯誤進一步進行大數據分析，當某些人為錯誤頻率特別高，例如某一個組織、某一個部門常常出現違規，那就表示這個部門必須進一步檢討錯誤原因。透過共同原因分析可以發現每個組織的錯誤趨勢跟整體狀況，未來如果出現新的問題時，馬上就可以找出各個組織的大數據錯誤趨勢，迅速針對各個組織的問題提出解決方案。

每一次的人為錯誤數據立刻就會傳送到雲端資料庫，這些數據每天都會更新，大家可以隨時查看某個類型的錯誤有多少，或是某個部門發生過哪些錯誤。這些數據全部都可以透過共同原因分析獲得，領導人只要看共同原因分析所提供的數據，很快就可以找出錯誤的原因。

零錯誤領導人與企業文化

很多組織的人為錯誤是因為沒有制度，導致錯誤不斷重複發生。例如，美國一家石油公司曾因為一次交接班的失誤，釀成近百人的傷亡。原因在於交接班的設計，公司沒有規定交接班需要有正式的書面記錄，所以每次交接班的時候，說的人與聽的人在資訊傳遞上出現落差，經常導致溝通出問題。如果改進交接班的制度，全部採取書面記錄，甚至重要的交接班還有審查人制度，就可以確保交接班「零錯誤」。

換言之，分析檢討錯誤，知道錯誤的來龍去脈之後，就可以提出補救措施，進而達到零錯誤的境界。這三十多年來，我們開發的這十四個科技點，已經能夠充分避免錯誤的發生，讓零錯誤方法真正落實到企業裡，進而打造零錯誤企業。

很多人常問我：「領導人的特質會影響企業經營嗎？」在管理學界，這也是爭論許久的議題。我們看到有些領導人很強勢，要求部屬一定要照著他的話去做；有些則是學者派，以學究的態度指導部屬做事；還有些是討論型的領導人，所有決策都要求公開討論；當然還有僕人式領導，希望藉由激勵部屬來推動企業前進；也有嚴厲型的領導人，對於部屬的錯誤動輒祭出懲罰。但我們的研究發現，不管是哪種特質的領導人，都可以看到成功與失敗的案例，在這點上並沒有共通的定論。唯一影響企業經營成敗的因素，只有犯錯的多寡。

我們二〇〇一年也做過一項分析，探討領導人與一般人有什麼不同的特質。我們公司利用ＭＢＴＩ的性格測驗分析，訪問一百位優秀的領導人與一百位優秀的專業人士（individual contributor，包括工程師、科學家、律師、金融分析師、投資顧問等等），發現有個技能是九〇%的領導人擁有，但是九〇%的專業人士沒有的，那就是有能力帶領組織與個人走向零錯誤，我們稱這個技能為「零錯誤管理技能」（Error-Free® management skill）。這項技能包括兩個部分，一個是機會管理（opportunity management），另一個則是創新思維（initiative identification），藉此避免犯下該做未做的知識型錯誤。

確實，從領導人與專業人士的時間分配來看，領導人有二〇%的時間花在識別新產品上，三四%花在機會管理，剩下四六%的時間則是花在指定的任務、管理、訓練與人際互動上；但是專業人士有高達八七%的時間花在指定的任務上，只有五%的時間花在識別新產品上，八%的時間花在機會管理。（見表9.1）

表 9.1 領導人與專業人士的時間分配

時間分配	領導人	專業人士
花時間在「創新思維」，避免自滿錯誤的比例	20%	5%
花時間在「機會管理」的比例	34%	8%
保留時間在指定的任務、管理、訓練和人際互動上的比例	46%	87%

什麼是機會？

我常會說，機會就好像在重要節日搭火車返鄉一樣，如果發車時間沒趕到月台，火車就開走了。雖然每個人都想搭上火車，但只有事先買好車票，提早在正確的月台等候，並想辦法擠上火車的人，才能夠成功搭上火車。機會也一樣，如果沒有事先做好準備，機會也不會等人。

因此，機會是一種讓某些渴望的事情成真的「短暫情況」（temporary circumstance）。要推出任何新政策或新產品，都要選擇最佳時機。好的時機會幫助決策或計畫更順利執行、更容易達成目標。如果沒有將機會納入考慮，選擇了糟糕的時機，很容易因為消費者不接受，或是沒有市場需求等外部因素，最後導致失敗。

一般來說，機會有四種類型，包括：自然出現的機會（natural opportunity）、化危機為轉機（adverse opportunity）、追求的機會（pursued opportunity）、創造的機會（created opportunity）。

自然出現的機會是從天而降的機會，通常可遇不可求，最著名的例子就是一九二七年英國生物學家佛萊明（Alexander Fleming）意外發現盤尼西林。佛萊明原本是在實驗室培養金黃色葡萄球菌，但兩個星期的假期結束返回實驗室時，看到全部的細菌都死掉了。眼尖的他發現培養皿角落長了一塊黴菌，佛萊明馬上聯想到是黴菌殺死這些細菌，結果就從黴菌中發現盤尼西林。現在，盤尼西林已經成為拯救最多人性命的藥物之一。這種自然出現的機會非常難得，連佛萊明也對外界說道：「我沒有『發明』盤尼西林，我只是『意外』發現它罷了！」這就是自然出現的機會。

第二種機會是化危機為轉機。機會有好就有壞，一旦遇上不利的機會，並非完全沒有出路，俗話說：「當上帝關了一扇門，必打開另一扇窗。」行到水窮處，前面可能就是另一片桃花源，就看自己能否絕處逢生。

最好的例子就是蘋果創辦人賈伯斯，他是擅長把阻力變成助力的高手。他在一九八五年被趕出蘋果公司之後，因為旋轉門條款，必須迴避所有與蘋果有關的軟體。這份合約限制讓賈伯斯束手束腳，無法大展身手。但是賈伯斯不是那種坐以待斃的人，這一條路不通，就換一條路走，反而促使他轉向瞄準教育市場，他成立NeXT 軟體公司（NeXT Company），開發以網路為基礎的作業系統。到了一九九七年，蘋果電腦以近五億美元的價格併購 NeXT 公司與它的產品，這項產品後來就成為 iPhone 4 的核心作業系統，這個 iOS 作業系統以應用程式為主，現在已經成為智慧型手機最大的創新。因此，即使在絕境之中，只要堅持不放棄，依舊能夠找到出路，把一手爛牌打成好牌。

第三個是追求而來的機會。與其空等機會降臨，成功人士通常會更積極的主動去找尋、追求機會。在這點上，比爾蓋茲是佼佼者，他的微軟帝國就源自於大學時期勇於追求的小機會。有一次在逛街時，他看到《大眾電子》（*Popular Electronics*）雜誌上介紹第一台小電腦 Altair 8800，這是一台記憶體只有 6KB 的玩具。蓋茲打電話給開發這台小電腦的老闆艾德・羅伯茲（Ed Roberts），提到這個計算機與其用硬體按鍵操作，不如用軟體操作，並表示可以為這款機器撰寫一套軟體程式，這就是微軟的第一套軟體 BASIC，後來對方付了三千美元購買這套軟體。蓋茲正因為抓住這個不起眼的小機會，開啟後來數百億的微軟帝國。如果蓋茲當初沒打那通電話，微軟或許就不存在了。

第四個是創造的機會。當沒有機會時，就要自己去創造。創造機會很困難，因此能夠創造機會的人，都是高手中的高手。歷史上最著名的例子，就是發生在三國時期的赤壁大戰。劉備與孫權以不到二十萬的兵力打敗曹操八十萬的大軍，無論是草船借箭或是火燒連環船，都是絕處逢生，藉由創造機會來取得勝利。

當孫吳的大將黃蓋面對來勢洶洶的曹操，想出火燒連環船的計謀，寫下詐降書誘騙曹操上當，自己帶船向曹操投降，並點燃船隻火攻曹軍的連環船，最後曹軍大

圖 9.6　1990-2019 年研究四種機會的比例

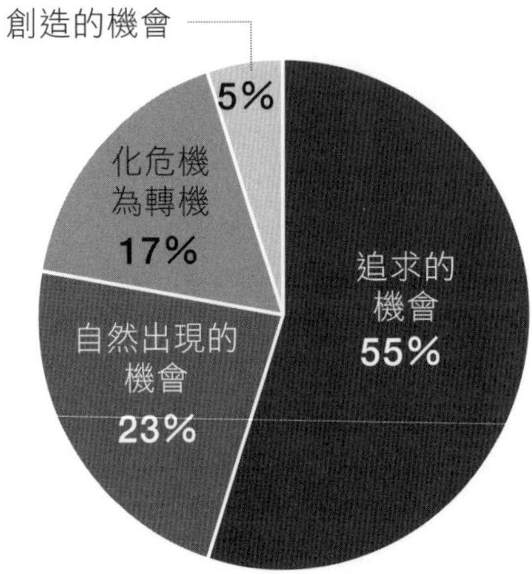

敗。透過自己創造火燒船的機會，讓原本無法獲勝的戰爭成功逆轉勝，這就是自己創造的機會。

我們從一九九〇年至二〇一九年蒐集兩千三百三十個機會的例子，發現追求的機會最多，占了五五％，自然出現的機會占二三％、不利的機會有一七％，而創造的機會最低，只占五％。（見圖9.6）

領導人的機會管理

機會是如此重要，所以好的領

導人都擅長運用機會。不過很少人知道怎麼運用機會，甚至做到機會管理。就像表9.1的調查，成功的領導人都是最佳的機會管理者，他們在機會管理上投入的時間高達三分之一。

我們定義的機會管理技巧，指的是一種為了達到想要的目標，觀察、追求、創造並理解機會的技巧。這個技巧有四個要素：

一、**觀察機會**：知道機會的重要性，而且看見身旁自然出現的機會。

二、**追求機會**：了解某個人獨特的優點，而且追求機會去配合那個優點。

三、**創造機會**：藉由一系列計畫好的行動來創造機會，達到最大效益的技巧。

四、**化危機為轉機**：理解機會的不利條件，並做出其他人無法做到的事。

在企業界中，比爾蓋茲是我見過擁有最強機會管理技巧的人。如果觀察微軟的歷史，可以發現微軟的成功就在於幾乎沒有錯失任何一個重要的機會，因此得以打敗像王安電腦一樣的眾多強敵。比爾蓋茲曾在訪談時提到，在他經營微軟的日子裡，只有一個機會沒有把握住，就是沒有成功開發手機作業系統。即使比爾蓋茲已經是機會管理的箇中高手，還是留下這唯一的遺憾。

我們的調查發現，擁有機會管理技巧的領導人，大多數都是透過成長環境和職業生涯多年的訓練學到這項技巧，傳統或非傳統的教育制度並無法教導這項技巧。也因為如此，想要培養機會管理技巧變得十分困難。不過我們開發一套領導力訓練課程，來幫助領導人掌握機會。其中一個很重要的課程，就是接下來要提到的：教導領導人如何創新。

創新思維

零錯誤管理技能第二個重要的技巧是創新思維（包括新產品、新服務、新的改良），避免該做未做的知識型錯誤。這樣才能確實抓住機會與趨勢，達到目標。而想要發展創新思維，藉此抓住機會與趨勢，最重要的就是思考如何創新。

我們曾在二〇一一年研究七十八個重大創新的案例，包括賴瑞・佩吉（Larry Page）發明Google搜尋引擎、伊隆・馬斯克發明線上支付系統Paypal、安迪・魯賓（Andy Rubin）根據LINUX開發安卓作業系統，發現這些創新者的平均年齡是二十八歲，而且他們使用的創新方法可以歸納為四種：和重要競爭者比較（Benchmarking）、列舉細節（Enumeration of details）、基礎的延伸和整合（Extension and integration of fundamental）、舊技術新應用（Transfer of application），這四種方法可以簡稱為BEET。

和重要競爭者比較是指調查重要競爭對手的創新技術或服務，再加以比較，找出新的切入點。例如，三星手機把蘋果的手機當成創新的比較對象，每當蘋果手機有了一項新功能，三星就會分析研究，找出蘋果手機的不足之處，這就是創新的起點。

列舉細節則是笛卡兒在《方法論》中提到的第四個原則，透過細節的分解、分

析，可以找到被忽略的細節或技術

基礎的延伸與整合則是在舊有的基礎上，加以升級、優化，衍生出新產品或新服務，例如從導體衍生出半導體，以前沒有半導體，在導體的基礎加以延伸，開發出半導體的創新。

舊技術新應用則是把某一個領域的舊發明、舊技術，應用到完全不同的全新領域。賈伯斯的創新就是屬於舊技術、新應用的佼佼者，筆記型電腦早已開發出觸控技術，但賈伯斯是第一個把觸控螢幕應用到手機而獲得巨大成功的人。

從這四種創新方法可以發現，幾乎沒有一種發明是無中生有創造出來的，幾乎都有參考對象來對比。我在麻省理工有位老師是愛因斯坦最後一個學生，他一直跟我說，全世界只有兩個人無中生有的發明出新東西，一個是愛因斯坦，一個是法拉第（Michael Faraday）。愛因斯坦在二十六歲的時候發明狹義相對論，法拉第則發現磁電互換效應，最後愛迪生把電運用在燈泡上，點亮全世界，影響全世界的人。愛迪生並沒有無中生有的創新，但卻改變整個世界。

但是，七〇%的公司完全不知道創新的四種方法，當然不可能有任何創新。如果企業的創新只是靠著領導人一時的靈光乍現，沒有做好管理與系統化，那麼創新就不會持久，自然掌握不了新機會，企業當然會沒落。因此，如果觀察以創新聞名的企業，像是蘋果、微軟與亞馬遜，它們都有專門負責創新的部門與團隊。

企業經營的好壞，領導人占有很大的影響。所以想要真正做到零錯誤，從領導人開始就要做到零錯誤。不過要打造真正的零錯誤企業，還必須讓企業裡的每個人都做到零錯誤，這就需要建立零錯誤的企業文化。

零錯誤文化

要讓零錯誤深植在企業裡，除了擁有零錯誤流程，更重要的是建立零錯誤的企業文化，這樣企業才可能長久經營。我們在前言定義過文化：文化就是思維、方法和制度的組合。什麼是零錯誤的企業文化？就是企業裡每個人都有「零錯誤」的共同目標；而且大家都認知到零錯誤的思維，了解什麼是單項弱點，以及如何避免自己與組織的單項弱點；最後，達到零錯誤目標後的成果要共享，如果利益全由老闆獨享，其他員工沒有得到任何好處，那麼這樣的企業就不容易凝聚企業文化，大家也不可能共同追求零錯誤。

共同的目標與共同的認知，都必須建立在共同利益的基礎上。因為如果沒有共同的利益，即使有再多的共同目標、共同認知，大家還是無法變成零錯誤的命運共同體，無法在同一條船上打拚。我們觀察到，很多公司因為沒有一套好的利益共享制度，使得每個人各掃門前雪，只注意自己的錯誤，看到別人的錯誤也不會提醒或告知。結果，原本每個人都試著防範單項弱點，綜合起來卻成為公司的單項弱點。這樣的企業最終還是會以失敗收場。

另外我們也常看到，如果大家只注意自己零錯誤，很可能會忽略部門和部門間、組織和組織間的錯誤，這些組織間的灰色地帶就會變成單項弱點的溫床。因此，成果共享是推廣零錯誤企業文化的重要關鍵。

如何創造共同的利益，把大家綁在同一艘船上，變成命運共同體？以我成立的公司為例，我聘請的每位員工都配有公司股票，當公司賺錢時，每位員工都可以分到股利，所以對於公司的經營非常關注，如果同事有犯錯，就會彼此互相提醒，確保錯誤不會影響公司獲利。

為了達到共享利益的效果，我建議可以設計一套關鍵績效指標（Key Performance Indicators，簡稱ＫＰＩ），把單項弱點與集體利益掛勾。簡單來說，以整體的單項弱點來衡量績效表現，如果整體的錯誤率下降，每個人都能夠得到獎金，這樣就可以避免大家只在乎自己的單項弱點，卻不注意同事的表現。

我們有一家連鎖量販賣場的客戶就運用這樣的指標達到零錯誤。它們每天會統計各個部門的單項弱點錯誤次數，如果錯誤比前一天少，就可以獲得獎金，而且獎金可以累計，倘若每天的錯誤都不斷減少，獎金就會不斷增加，每位員工領到的獎金大概是薪水的五％。

此外，統計數據並不是黑箱作業。公司在每個部門都設立一個大型告示牌，上面會顯示各個部門每天的錯誤，以及零錯誤獎金的數字，錯誤愈少，獎金愈高。每個人都會知道自己部門最近犯了多少錯誤，因為事關獎金多寡，同事間都會更注意彼此有沒有犯錯。因此，大家變成利益共同體。如果走進這家賣場的大型倉庫，你會看到一個奇特的現象，當一位員工開著小型貨車運送貨物時，只要車速太快，每一位員工都會很緊張的跟他招手，叫他「開慢一點」。因為，如果一不小心車子翻覆，他們當天的獎金就沒有了，因此每一個人都會互相監督、提醒，不要犯錯。另外，錯誤告示牌上還會列出上一次錯誤是在多久以前發生，上次錯誤發生的時間愈久，得到的獎金愈高。

除了錯誤告示牌之外，公司還在大門口設置紅綠燈，綠燈表示前一天全部門都沒有犯錯，紅燈則表示前一天有人犯錯。大部分員工看到綠燈會很高興，表示獎金繼續累積，如果看到綠燈變紅燈，就會非常緊張，表示獎金沒了。

因為隨時都能看到整個部門的犯錯數字，所以每個人在做事時都非常小心，而且因為這連結到薪資，所以每個人都有共同的零錯誤目標，錯誤率自然大幅降低。

即便這家公司的員工平均學歷並不高，底薪也不是同業最好，但是員工的競爭力卻一直是業界數一數二，原因就是在於它聰明的使用共同利益，成功打造零錯誤目標與文化。

不過，只是公司做到零錯誤並不夠，來往關係企業、上下游供應商或客戶也都要執行零錯誤，打造零錯誤目標與文化。因為當供應商或是承包商發生錯誤，自己如果無法偵查，最後還是會受牽連而遭受損害。

在實務上，如果是員工數一百個人左右的小企業，不到半年的時間應該就可以做到零錯誤。如果公司很大，員工人數有上千人，那麼可能要花五年左右。以我們的經驗，我們會幫客戶先訓練一批零錯誤的種子培訓員，這群零錯誤培訓人員回到企業後，每個月的主管會議、小組會議都要進行零錯誤分析。這樣的會議跟過去的會議不同，以前會議討論的都是如何處理問題、解決問題，但是導入零錯誤文化之後，會議檢討的是為何會讓錯誤發生？為何沒有事先預防？以後要如何預防？透過不斷開會與檢討，讓零錯誤內化到每一位員工心中。唯有顛覆整個思維，從處理錯誤改為預防錯誤，零錯誤文化才算深根，也才有機會成為零錯誤企業。

就算是新興公司，或是一般公司碰到沒有試過的流程與決策的時候，也可以實現零錯誤。只要透過量化分析，都能預測和計算新流程和決策的錯誤機率。如果錯誤率太高，可以利用這本書裡提到的各種方式降低錯誤率。如此一來，新公司、新流程或新決策在一開始就不可能會失敗了。

本章練習

▼檢視十四個科技點，思考自己所在的組織與企業可以從哪些科技點開始打造零錯誤企業？

▼如何幫助你的企業達到零錯誤的共同目標、共同認知與共同的利益？

結論

從現在開始零錯誤思維

零錯誤是非常具有挑戰性與顛覆性的想法，許多人認為這是不可能做到的事。但是經驗告訴我，從閱讀這本書開始，你就已經注意到自己有沒有犯錯，開始思考如何不犯錯，也開始注意自己是否有出現犯錯的心態。在你讀完這本書的時候，心中就已經播下一顆零錯誤種子，一個禮拜之後，你就會發現自己的思維模式已經慢慢產生變化，錯誤也開始漸漸變少。接著，一個月後，你可能已經可以感覺到錯誤減少帶來的快樂了。如果你有機會學到零錯誤的方法，一年後，你就會感覺到零錯誤已經帶你到更快樂、更成功的境界。如果你可以把這個思維推廣給認識的人，推

圖 C.1　從零錯誤到快樂和成功的人生

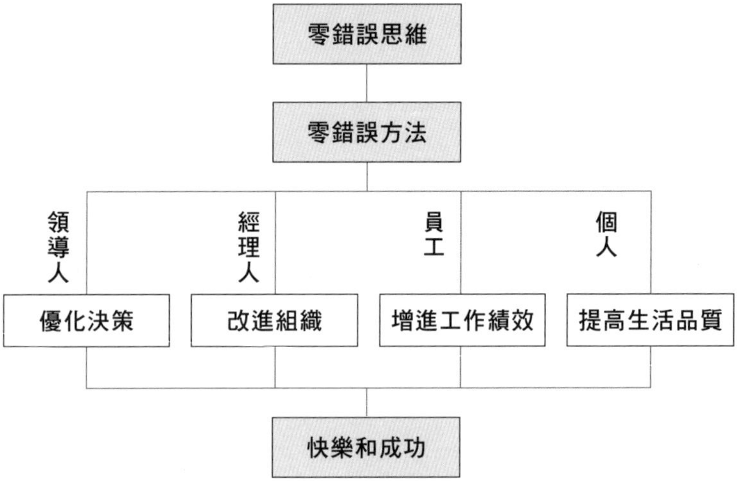

廣到整個企業、整個國家，當大家都意識到零錯誤的思維，這世界就會變得愈來愈好，都會有更美好的未來。

這本書的內容是由四門零錯誤的入門課所精選出來的，這四門課分別是零錯誤個人入門、零錯誤員工入門、零錯誤經理人入門和零錯誤領導人入門。我們公司的零錯誤團隊一邊研發零錯誤方法，一邊教導零錯誤課程，也做企業顧問，利用授課和顧問的收入來加速研發，再把研發的成果納入課程中。所以這些入門課程會一直改變，大家的建議都會幫助我們的團隊開發出更好的課程，我們也能帶給大家更進步的零錯誤方法。

這本書最重要的就是帶給大家一個顛覆性的想法和一些簡單的方法，可以幫助大家了解到零錯誤思維的重要性，而且能快速、立即的看見成效。在這些入門課結訓後，我們都會要求學生提供一些實踐的成效和建議。因為成長背景的不同，每位學生都有不同的感受與應用方法。下面就分享一些學員的經驗。

在零錯誤個人入門課後，有位學員是家庭主婦，她說：「你講的五顆注意力彈珠概念，幫助我解決常常找不到東西的問題。現在，常用的東西我只會放在五個固定的抽屜。鑰匙在一個抽屜，充電器、電池等電子產品配件放在另一個抽屜、文具放在一個抽屜、備用的化妝品與盥洗用具放在一個抽屜，最後一個抽屜則是放各種藥物。以前我的東西都到處亂放，每天至少要花三十分鐘找東西，現在這些時間都省下來了。」

還有一位學員是中年爸爸，他說：「六個月前女兒跟我說有兩個男生在追她，不知道要選哪一個好。上完課後，我知道每一個好的決策至少要有五個選擇，而且擁有相似的性格、相同的興趣才會是好伴侶。所以我就問她，難道沒有其他男生可以選擇嗎？我鼓勵她不一定要局限在這兩個男生上，要創造機會，參加一些她有興趣的社團活動，多認識一些興趣相同、個性相似的男孩子。最近她告訴我，她找到一位談得來、又有共同興趣的男孩子，比前面兩位好太多了。」

在零錯誤員工入門課後，一位資深的業務員跟我說：「上完課後，我每天就按照邱博士的建議，檢討當天犯下的錯誤。我發現，我犯的錯誤往往都是與人際關係有關。我是一位內向的人，常常不會顧慮到其他人的想法，我太太常常跟我說這是我的個性，不會改變。所以我就申請從業務部調到市場調查部。現在我已經是市場調查部的副經理。」

也有一位在採購部門任職的資深員工告訴我：「每天早上我都問自己，今天的工作有哪些單項弱點。如果有單項弱點的話，有沒有有效的預防措施來避免錯誤發生。我都會想辦法去防止單項弱點的錯誤。三個月前有一個廠商代表三番兩次要找我應酬，我知道邱博士提到抑制誘惑的重要性，所以就拒絕了。後來，這個廠商因為賄賂出了事，供出公司裡收賄的名單。部門很多同事都因為這樣被免職了。我很慶幸沒有掉入這個單項弱點的錯誤陷阱。」

在零錯誤經理人入門課後，一位工程部門的經理跟我說：「我們部門之前的工程修改重做的機率是一〇%，老闆認為這是一般工程公司必須接受的損失。八個月前，我進行零錯誤根本原因分析，針對每個修改的工程，找出根本原因，不管是粗心大意，或是不遵守程序，我們都針對這些原因進行改進。這兩個月來，我們已經看不到任何工程需要修改重做了。老闆知道以後非常驚訝，才知道過去一〇%的工程重做都在浪費資源。」

另外還有一位零售商的經理告訴我：「我們的標準作業流程是總公司統一規定的，已經用了十年了。大家都非常滿意。但是我上完課後，重新思考流程的簡化和員工的效率，我用你教的方法，把許多高負擔的工作流程進行簡化，結果公司在今年成為業界獲利最高的公司，其他公司也來看我們怎麼簡化工作。」

在零錯誤領導人入門課後，有一位管理二十萬名員工的總經理跟我分享：「我的公司以前從來沒有試點的概念，每次只要推行一項計劃就是全體同步實行，結果成效都不好，而且都會出現意料之外的事情。不過我們最近推出一套新的安全管理準則，我們把公司分成四個不同工作性質的團體，每一個團體選擇一個部門來試點，給他們六個月試做，找出這個新制度的優點與缺點。希望消除缺點，保留優點。後來我們發現這四個團體的意見都不一樣。所以我們最後的安全管理準則有四套標準，每個員工都欣然接受。」

另外也有一位中小企業的電子公司老闆跟我說：「我聽完課後才了解公司員工都在等待機會。所以，我成立一個機會管理小組，他們的職責就是創造機會、抓住機會。因為他們常常和外面接觸，我也要他們用邱博士教的創新思維去發展新產品。這六個月來，我們的新訂單已經增加五〇％。」

我們常說失敗是成功之母，但我認為：「錯誤是失敗之父，失敗是成功之母，只有研究錯誤才能夠成功。」零錯誤思維與方法就是三十年來對於錯誤研究的結晶。

我相信，每一位讀者都可以從這本書介紹的零錯誤思維得到收穫。希望大家可以透過 info@errorfree.com 來跟我們分享閱讀這本書的感受與建議，幫助我們團隊繼續開發更專業、更有效的全新零錯誤方法。

現在你已經讀完這本書，是否開始利用書中的方法，減少常年犯下的錯誤呢？

財經企管 BCB677

零錯誤：全球頂尖企業都採用的科技策略

作者——邱強
採訪整理——燕珍宜、陳銘銘

國家圖書館出版品預行編目（CIP）資料

零錯誤：全球頂尖企業都採用的科技策略／邱強著，-- 第一版 . -- 臺北市：遠見天下文化，2019.10
256 面；14.8×21 公分 . --（財經企管；BCB677）

ISBN 978-986-479-835-3（平裝）

1. 企業管理 2. 策略管理 3. 危機管理

494 108016708

總編輯 — 吳佩穎
書系主編 — 蘇鵬元
責任編輯 — 蘇鵬元、王映茹
封面設計 — 張議文

出版者 — 遠見天下文化出版股份有限公司
創辦人 — 高希均、王力行
遠見．天下文化 事業群榮譽董事長 — 高希均
遠見．天下文化 事業群董事長 — 王力行
天下文化社長 — 王力行
天下文化總經理 — 鄧瑋羚
國際事務開發部兼版權中心總監 — 潘欣
法律顧問 — 理律法律事務所陳長文律師
著作權顧問 — 魏啟翔律師
社址 — 臺北市 104 松江路 93 巷 1 號
讀者服務專線 — 02-2662-0012 ｜傳真 — 02-2662-0007；02-2662-0009
電子郵件信箱 — cwpc@cwgv.com.tw
直接郵撥帳號 — 1326703-6 號 遠見天下文化出版股份有限公司

電腦排版 — bear 工作室
製版廠 — 中原印刷事業有限公司
印刷廠 — 中原印刷事業有限公司
裝訂廠 — 中原印刷事業有限公司
登記證 — 局版台業字第 2517 號
總經銷 — 大和書報圖書股份有限公司｜電話 — 02-8990-2588
出版日期 — 2019 年 10 月 28 日第一版第一次印行
2024 年 4 月 11 日第一版第二十七次印行

定價 — 400 元
ISBN — 978-986-479-835-3
書號 — BCB677
天下文化官網 — bookzone.cwgv.com.tw